Durgun Duran

Kuantum Dolanıklık ve Kuantum Bilişim Kuramındaki Uygulamaları

Durgun Duran

Kuantum Dolanıklık ve Kuantum Bilişim Kuramındaki Uygulamaları

Türkiye Alim Kitapları

Impressum / Yayınevi adı
Bibliografische Information der Deutschen Nationalbibliothek: Die Deutsche Nationalbibliothek verzeichnet diese Publikation in der Deutschen Nationalbibliografie; detaillierte bibliografische Daten sind im Internet über http://dnb.d-nb.de abrufbar.

Deutsche Nationalbibliothek tarafından yayınlanan bibliyografik bilgiler: Deutsche Nationalbibliothek, bu yayını Deutsche Nationalbibliografie'de listeler; detaylı bibliyografik bilgi İnternet'te http://dnb.d-nb.de sitesinde mevcuttur.

Coverbild / Kitap kapağı resmi: www.ingimage.com

Verlag / Yayıncı:
Türkiye Alim Kitapları
ist ein Imprint der / yayınevinin bir ticari markasıdır
OmniScriptum GmbH & Co. KG
Heinrich-Böcking-Str. 6-8, 66121 Saarbrücken, Deutschland / Almanya
Email / E-posta: info@turkiye-alim-kitaplary.com

Herstellung: siehe letzte Seite /
Basım yeri: son sayfaya bakın
ISBN: 978-3-639-67286-2

ÖZET

Yüksek Lisans Tezi

KUANTUM DOLANIKLIK ve KUANTUM BİLİŞİM KURAMINDAKİ UYGULAMALARI

Durgun DURAN

Ankara Üniversitesi
Fen Bilimleri Enstitüsü
Fizik Anabilim Dalı

Danışman: Prof. Dr. Abdullah VERÇİN

Bileşik kuantum sistemlerin bütünlükçü bir özelliği olan dolanıklık altsistemler arasında yerel-olmayan korelasyonları betimler. Bu, kuantum bilişim kuramında enerji kadar gerçek yeni bir kaynak olarak kullanılır. Kuantum uz-aktarım, yoğun kodlama ve kuantum şifreleme gibi birçok kuantum süreçlerin başarılmasında kaçınılmazdır. Ama bu yeni kaynak karmaşık olup algılanması zordur. Dolanıklık genellikle çevreye karşı kırılgan olmasına rağmen, zengin yapısını çözmek için kullanılan matematiksel araçlara karşı direnç gösterir. Bu tezde, dolanıklığın karakterizasyonu, damıtılması, yoğunlaştırılması ve nicelendirilmesini içeren temel görünüşleri incelenmektedir. Özel olarak, Bell eşitsizlikleri aracılığıyla dolanıklığın belirlenmesi ve algılanması tartışılmıştır. Dolanıklığın belirlenmesinde dolanıklık tanıklarının temel rolü de vurgulanmıştır.

Ağustos 2011, 123 sayfa

Anahtar Kelimeler: Dolanıklık, ayrılabilirlik, uz-aktarım, yoğun kodlama, damıtma.

ABSTRACT

Master Thesis

QUANTUM ENTANGLEMENT AND ITS APPLICATIONS IN QUANTUM INFORMATION THEORY

Durgun DURAN

Ankara University
Graduate School of Natural and Applied Sciences
Department of Physics

Supervisor: Prof. Dr. Abdullah VERÇİN

Entanglement that is a holistic property of compound quantum systems manifests non-local correlations between subsystems. It is used as a new resource as real as energy in quantum information theory. It is inevitable in realizing many quantum processes, such as quantum teleportation, dense coding and quantum cryptography. However, it appears that this new resource is complex and difficult to detect. Although it is usually fragile to the environment, it is robust against conceptual and mathematical tools, the task of which is to decipher its rich structure. This thesis reviews basic aspects of entanglement including its characterization, distillation, concentration and quantification. In particular, specification and detection of entanglement via Bell inequalities are discussed. The basic role of entanglement witnesses in detection of entanglement is also emphasized.

August 2011, 123 pages

Key Words: Entanglement, separability, teleportation, dense coding, distillation.

TEŞEKKÜR

Çalışmalarımı yönlendiren, araştırmalarımın her aşamasında bilgi, öneri ve yardımlarını esirgemeyerek akademik ortamda olduğu kadar beşeri ilişkilerde de engin fikirleriyle yetişme ve gelişmeme katkıda bulunan, bilimsel yaklaşımı kendisinden öğrenmeye çalıştığım, her aşamada pratik çözümleriyle bir arkadaş olarak destek olan danışman hocam sayın Prof. Dr. Abdullah VERÇİN'e (Ankara Üniversitesi Fizik Anabilim Dalı), çalışmalarım süresince maddi manevi desteklerini esirgemeyen değerli arkadaşlarım Erdem AKYÜZ ve Adem TÜRKMEN'e en derin duygularla teşekkür ederim.

Durgun DURAN

Ankara, Ağustos 2011

İÇİNDEKİLER

SİMGELER ve KISALTMALAR DİZİNİ

$\mathcal{H}$	Hilbert Uzayı
$\vert+\rangle, \vert 0\rangle$	Spin-yukarı durum
$\vert-\rangle, \vert 1\rangle$	Spin-aşağı durum
$\mathbb{I}$	Birim işlemci veya birim matris
id	Birim veya özdeşlik gönderimi
$\sigma_x, X, \sigma_y, Y, \sigma_z, Z$	Pauli spin matrisleri
$\vert\Phi^{\pm}\rangle, \vert\psi^{\pm}\rangle$	Bell (veya EPR) durumları
$\vert\psi^{-}\rangle, \vert 00\rangle$	Spin-singlet durum
$C(a,b)$	a ve b ölçümleri arasındaki korelasyon
$\vert\Phi\rangle$	Kübit sistemi veya kübit durumu
B	Bell işlemcisi
B_{CHSH}	CHSH işlemcisi
B_M	Mermin işlemcisi
U	Üniter işlemci
W	Dolanıklık tanığı
W_{CHSH}	CHSH-tipi tanık
P_W	En uygun tanık
V	Trampa işlemcisi
P	Saf durum işlemcisi (izdüşüm işlemcisi)
F	Özuygunluk
$\vert\psi_{AB}\rangle$	Altsistemleri A ve B olan iki-parçalı bir sistemin durum vektörü
ρ	Yoğunluk işlemcisi
ρ_{AB}	Altsistemleri A ve B olan iki-parçalı bir sistemin yoğunluk işlemcisi (matrisi)
ρ_A, ρ_B	İki-parçalı bir sitemin indirgenmiş yoğunluk işlemcileri
ρ_W	Werner durumu
ρ_I	İzotropik durum

$r(\psi)$	İki-parçalı bir $\vert\psi\rangle$ durumunun Schmidt rankı
Λ	Herhangi bir pozitif fakat tamamen pozitif olmayan gönderim
$\mathbb{T}$	Transpozisyon gönderimi
$\mathbb{T}_A$, $\mathbb{T}_B$	İki-parçalı bir sistemde altsistemler üzerine etkiyen transpozisyon işlemleri
$S(\rho)$	Herhangi bir ρ yoğunluk işlemcisinin Shannon entropisi
$E(\psi)$	herhangi bir $\vert\psi\rangle$ durumunun dolanıklık ölçüsü
Tr	İz işlemi
BXOR	İki-yanlı (*bilateral*) XOR işlemi
CHSH	Clauser-Horne-Shimony-Holt
CNOT	Kontrollü-NOT Geçiti (*Controlled-NOT*)
EPR	Einstein-Podolsky-Rosen
GHZ	Greenberger-Horne-Zeilinger
ILO	Terslenebilir yerel işlemler (*Invertible Local Operations (Operators)*)
LHVM	Yerel gizli değişken ölçümü (*Local Hidden Variable Measurement*)
LOCC	Yerel işlemler ve klasik iletişim (*Local Operations and Classical Communication*)
LR	Yerel gerçeklik (*Local Realism*)
NMR	Nükleer Manyetik Rezonans
QKD	Kuantum Anahtar Dağılımı (*Quantum Key Distribution*)
PnCP	Pozitif fakat tamamen pozitif olmayan (*Positive But Not Completely Positive*)
PPT	Pozitif Parçalı (Kısmi) Transpoz
SLOCC	Stokastik yerel işlemler ve klasik iletişim (*Local Operations and Classical Communication*)

ŞEKİLLER DİZİNİ

ÇİZELGELER DİZİNİ

1. GİRİŞ

Dolanıklık bileşik sistemlere ait bir özelliktir. Fiziksel olarak birbirlerinden ayırt edilebilir ve ayrılabilir altsistemlerden (bileşenlerden) oluşan sistemlere bileşik sistemler denir. Bunlar; altsistemlerin sayısına göre iki-parçalı (*bipartite*), üç-parçalı (*tripartite*) ya da çok-parçalı (*multipartite*) sistemler olarak nitelenirler. İlk bileşeninin Hilbert uzayı $\mathcal{H}_1$ ikincisinin $\mathcal{H}_2$ vs. olan n-parçalı bir bileşik sistemin $\mathcal{H}$ Hilbert uzayı; $\mathcal{H} = \mathcal{H}_1 \otimes \mathcal{H}_2 \otimes \ldots \otimes \mathcal{H}_n$ tensör çarpımıyla belirlenir. $\mathcal{H}_i$'lerin tümü sonlu ve d_i boyutlu ise $\mathcal{H}$ de sonlu ve $d = d_1 d_2 \ldots d_n$ boyutludur. Böyle sistemlere $d_1 \otimes d_2 \otimes \ldots \otimes d_n$ tipindedir denir ve $\mathcal{H}_i \cong \mathbb{C}^{d_i}$ yazılabilir ($\mathbb{C}$ kompleks sayılar kümesidir). $\mathcal{H}_i$'lerden en az birisi sonsuz boyutlu ise $\mathcal{H}$ de sonsuz boyutludur. Böyle uzaylardaki dolanıklığa sürekli değişkenli dolanıklık *(continuous variable entanglement)* denir (Braunstein 2005). Bu tezde sadece sonlu boyutlu durum uzaylarına sahip bileşik sistemler ve onların dolanıklığı incelenecektir.

Hilbert uzayı iki boyutlu olan; yani iki girilebilir durumlu herhangi bir sisteme ve böyle bir sistemin sahip olabileceği herhangi bir (saf ya da saf-olmayan) kuantum durumuna kübit (*qubit=quantum bit*) sistemi ve kübit durumu denir (Schumacher 1995). Herhangi bir $spin - 1/2$ parçacık, kutuplanma durumu açısından bir foton ve sadece iki enerji seviyesiyle ele alınan bir çekirdek, atom ya da molekül birer kübit sistemidirler. Hem sistemi hem de onun herhangi bir durumunu nitelemek için kübit terimi tek başına da kullanılacaktır. Bileşenleri de birer kübit olan iki-parçalı bir sisteme iki-kübit, üç-parçalı bir sisteme üç-kübit ve çok-parçalı olanlarına da çok-kübit sistemleri denir. Üç girilebilir durumlu bir sistem ve bunun herhangi bir durumuna da kütrit (*qutrit*) denir. Benzer şekilde, d girilebilir durumlu bir sistem ve bunun herhangi bir durumu için küdit terimi de tanımlanabilir.

Bileşik sistemin bütünlükçü bir özelliği olan dolanıklık kavramı; bir bileşik sistemin, tek tek alt sistemlerinin durumlarının çarpımı olarak yazılamayan global durumlarının olduğunu vurgular. Dolanık bir durumda, altsistemler arasında klasik olmayan korelasyonlar vardır ve bu korelasyonlar klasik kaynaklarla yerine getirilemeyen amaçları gerçekleştirmek için kullanılabilecek işlenebilir, kontrol edilebilir, dağıtılabilir ve yayınlanabilir yeni bir kuantum kaynağıdırlar.

Klasik fizikte bir bileşik sistemin saf durumlar uzayı altsistemlerin durumlar uzayının kartezyen çarpımıdır. Bu gerçek, toplam durumun daima ayrık sistemlerin durumlarının bir çarpımı olduğunu gösterir. Tersine kuantum mekaniğinde bileşik sistemin saf durumlar uzayı, altsistemlerin durum uzaylarının bir tensör çarpımıyla gösterilir. Bu durumda üst üste gelme ilkesiyle altsistemlerin durumlarının çarpımı olarak yazılamayan dolanık durumlar doğal olarak karşımıza çıkar. Bileşik sistemin bu şekilde bir dolanık durumunda altsistemlerden birine bir tek durum vektörü karşı getirilemez. İki-parçalı bir sistemin altsistemlerinden herhangi birisinin durumu, diğer altsistemin baz vektörleri üzerinden kısmi iz alınarak elde edilen indirgenmiş yoğunluk işlemcisiyle tanımlanabilir. Genel olarak, iki-parçalı bir saf durum ancak ve ancak indirgenmiş yoğunluk işlemcilerinden birisi veya her ikisi saf-olmayan bir durumsa dolanık bir durumdur.

Tüm bu saf ve saf-olmayan durumlar von Neuman yoğunluk işlemcileriyle tanımlanırlar. Bir işlemcinin yoğunluk işlemcisi (yoğunluk matrisi) olabilmesi için pozitif tanımlı, Hermitsel ve izinin bir olması gerekir. Herhangi bir yoğunluk işlemcisinin karesi kendisine eşit veya eşdeğer olarak karesinin izi bir ise saf durumdur. Bu iki ifadenin tersi de doğrudur. Saf bir duruma karşılık gelen yoğunluk işlemcisinin özdeğerlerinden sadece bir tanesi bir, diğerleri sıfırdır. Bu durumda yoğunluk işlemcisi bir izdüşüm işlemcisidir.

Bu tezin ikinci bölümünde, kuantum dolanıklık kavramının ortaya çıkışına öncülük eden EPR (Einstein-Podolski-Rosen) makalesinin klasik mekanik ve kuantum mekaniği açısından önemi incelenecektir (Einstein 1935). Bir bileşik sistemin kuantum mekaniksel bir özelliği olan dolanıklık kavramı ve bileşik sistemi oluşturan altsistemler arasındaki korelasyonlar ele alınacaktır.

Üçüncü bölümde spin-singlet durumlarda korelasyonlar (Sakurai 1994) ve bu korelasyonlar aracılığıyla yerel gerçeklik tarafından öngörülen Bell eşitsizlikleri incelenecektir (Bell 1964). Ayrıca genelleştirilmiş Bell eşitsizliği (CHSH eşitsizliği),

Cirel'son, Mermin eşitsizlikleri ve bu eşitsizliklerin maksimal ihlalleri ile kuantum mekaniği açısından aralarındaki farklar gösterilecektir (Braunstein 1992).

Tezin dördüncü bölümünde iki-parçalı saf ve saf-olmayan durumların dolanıklığı ve ayrılabilirliği, iki-parçalı sistemlerin saf durumları için hem kanonik bir yazımına izin veren hem de ayrılabilirlik için gerek ve yeter koşulları sağlayan Schmidt ayrışımı ele alınacaktır. İki-parçalı sistemler için diğer bir ayrılabilirlik kriteri olan Peres kriteri de bu bölümde incelenecektir (Peres 1996). 2×2 ve 2×3 boyutlu sistemler için Peres kriterinin ayrılabilirlik için gerek ve yeter koşul olduğu gösterilecektir (Horodecki 1996). Bunların dışında tamamen pozitif-olmayan gönderimler aracılığıyla ayrılabilirlik ve dolanıklık tanıkları aracılığıyla ayrılabilirlik koşulları da incelenecektir (Terhal 2000). Son olarak iki-parçalı sistemler için kullanışlı örnekler olan Werner durumları (Werner 1989) ve izotropik durumlar (Horodecki 1999) ele alınacaktır.

Beşinci bölümde, stokastik yerel işlemler ve klasik haberleşme (SLOCC) ile nitelendirilen çok-parçalı durumların eşdeğerlik sınıfları incelenecektir. Üç-kübitli saf durumlar için altı farklı sınıfının olduğu gösterilecektir (Dür 2000). Özel olarak, GHZ (Greenberger 1989) ve W durumlarıyla temsil edilen üç-parçalı dolanıklığın iki eşdeğer olmayan sınıfının varlığı, W durumunun üç kübitten herhangi birisi üzerinden parçalı iz alındığında iki-parçalı dolanıklığın en büyük miktarını (en dolanık durum) veren bir üç-parçalı durum olduğu gösterilecektir. Son olarak, çok-parçalı ($N \geq 4$) ve çok-seviyeli sistemler için dolanıklığın eşdeğer-olmayan birçok türünün olduğu açıklanacaktır.

Altıncı bölümde iki ayrı gözlemci arasında paylaşılmış olan n çift parçalı dolanık durumun yoğunlaştırılması sonucu daha az sayıda fakat singletler gibi en dolanık durumlara dönüştürülmesi incelenecektir (Bennett 1996a). Yoğunlaştırma sürecinin asimptotik olarak başlangıçtaki parçalı dolanık saf durum dolanıklığının 2 tabanındaki entropisinin büyük n değerleri için singletlerin verimine yaklaşarak dolanıklık entropisini (bir gözlemcinin gördüğü parçalı yoğunluk matrisinin von Neumann entropisi) koruduğu gösterilecektir (Bengtsson 2006). Saf-olmayan dolanık durumların (bir gürültü kanalı aracılığıyla paylaşılmış singletler) bir kaynağına yerel işlemler uygulayarak daha az sayıda fakat daha yüksek saflığa sahip dolanık çiftlerin (mükemmel singletler) hazırlanabileceği de yine bu bölümde gösterilecektir (Bennett

1996b). Yüksek boyutlu bileşik sistemlerin dolanıklığının damıtılması ile sistemin yoğunluk matrisi ve indirgenmiş yoğunluk matrislerinin yapılarını bağlayan bir ayrılabilirlik kriteri analiz edilecektir (Horodecki 1999). Bu kriteri ihlal eden herhangi bir durumun (herhangi bir ayrılamaz iki-kübit durum damıtılması protokolünün uygun bir genellemesiyle) damıtılabileceği gösterilecektir.

Son bölümde kuantum bilişim kuramında kuantum dolanıklığı esas alan dört tane önemli uygulama incelenecektir. İlk olarak iki gözlemci arasındaki iletişim güvenliğini sağlayan ve üçüncü bir kişiden bilgiyi korumak için bir test etme yöntemi olan kuantum anahtar dağılımı açıklanacaktır (Ekert 1991). Daha sonra tek bir dolanık kübit göndererek iki klasik bit iletmeyi sağlayan kuantum yoğun kodlama işlemi incelenecektir (Bennett 1992). Üçüncü örnek olarak; bilinmeyen bir kuantum durumunu, iki gözlemci arasında paylaşılan önceden hazırlanmış korele bir kanal aracılığıyla gönderme işlemi olan kuantum uz-aktarım kavramı ele alınacaktır (Bennett 1993). Son olarak, daha önce hiç etkileşmemiş olan iki parçacık arasında dolamık bir oluşturulabileceğini söyleyen dolanıklığın trampası örneği gösterilecektir (Yurke 1992).

Bu tezde işlemciler koyu harflerle gösterilecektir. Tezde sıkça kullanılan $|0\rangle$ ve $|1\rangle$ durumlarının matris temsilleri

$$|+\rangle = |0\rangle = \begin{pmatrix}1\\0\end{pmatrix}, \quad |-\rangle = |1\rangle = \begin{pmatrix}0\\1\end{pmatrix} \tag{1.1}$$

olup, sırasıyla spin-yukarı ve spin-aşağı durumlarını ifade eder. Ayrıca,

$$I = \sigma_0 = \begin{pmatrix}1 & 0\\0 & 1\end{pmatrix}, \quad \sigma_x = \sigma_1 = \begin{pmatrix}0 & 1\\1 & 0\end{pmatrix} = X,$$

$$\sigma_y = \sigma_2 = \begin{pmatrix}0 & -i\\i & 0\end{pmatrix} = Y, \quad \sigma_z = \sigma_3 = \begin{pmatrix}1 & 0\\0 & -1\end{pmatrix} = Z \tag{1.2}$$

matrisleri de Pauli spin matrislerini göstermektedir.

2. KUANTUM DOLANIKLIK

Kuantum dolanıklık saf ve saf-olmayan durumlarda farklı tanımlandığından bu durumlarda ayrı ayrı incelenir. Saf durumlardaki dolanıklığı tanımlamak göreli olarak kolayken, saf-olmayan durumlarda bunun tanımı, algılanması, nicelendirilmesi ve nitelendirilmesi daha zordur. Bu tezde dolanıklığın nicelendirilmesi ve bununla ilgili dolanıklık ölçüleri konusuna fazla girilmeyecektir. Ayrıca sonlu sayıda girilebilir duruma sahip sistemlerde dolanıklık ele alınacaktır.

Üst-üste gelme ilkesi kuantum mekaniğinin ilginç bir özelliğidir. Bu, Schrödinger denkleminin çizgisel olmasının açık bir sonucudur: İki veya daha fazla çözümün her çizgisel bileşimi de bir başka çözümdür. Bu ilkeye göre, bir parçacığın aynı anda farklı konumlarda bulunma olasılıkları ve varsa spinini farklı yönlerde bulma olasılıkları sıfırdan farklıdır. Kuantum dolanıklık ise bu özelliklerin bir adım ötesidir. Bir bileşik sistemin altsistemlerine ait birer durum vektörünün tensör çarpımı olarak yazılamayan durum vektörlerine dolanık durum vektörleri ve temsil ettikleri durumlara da dolanık durumlar denir. Bir bileşik sistemin, *i*. bileşenin bir durum vektörü $|a_i\rangle$ olmak üzere,

$$|a\rangle = |a_1\rangle \otimes |a_2\rangle \otimes \ldots \otimes |a_i\rangle \quad (2.1)$$

şeklinde yazılabilen $|a\rangle$ durum vektörüne ayrılabilir (veya ayrıştırılabilir) durum vektörü ve böyle bir vektörle temsil edilen duruma da ayrılabilir (veya ayrıştırılabilir) durum denir. Dolanık durumlar, ayrılabilir durum vektörlerinin özel çizgisel birleşimleri, yani özel koherent üst-üste gelimleriyle temsil edilebilen ayrılamaz durumlardır.

İki spin $- 1/2$ $(s_1 = 1/2 = s_2)$ parçacığın bileşik spin durumları bu kavramlar için verilebilecek en basit örneklerdir. Bilindiği gibi böyle bir sistemin olası spin durumları $s = 1$'e karşılık gelen üçlü (triplet) durumları;

$$|11\rangle = |+\rangle \otimes |+\rangle$$

$$|10\rangle = \frac{1}{\sqrt{2}}(|+\rangle \otimes |-\rangle + |-\rangle \otimes |+\rangle)$$

$$|1,-1\rangle = |-\rangle \otimes |-\rangle \quad (2.2)$$

ve $s = 0$'a karşılık gelen

$$|00\rangle = \frac{1}{\sqrt{2}}(|+\rangle \otimes |-\rangle - |-\rangle \otimes |+\rangle) \quad (2.3)$$

tekli (singlet) durumlarıdır. Bunların dördü de boylandırılmış olup birbirlerine diktirler. Burada boylandırılmış $|\pm\rangle$ durumları, spin yukarı ve spin aşağı durumlar olarak bilinir. Bunlar spin işlemcisinin z bileşeninin $\pm\hbar/2$ özdeğerli özdurumlarıdır. Parçacık değiş-tokuşu altında üçlü durumlar simetrikken, tekli durum antisimetriktir. Üçlü durumlardan $|11\rangle$ ve $|1,-1\rangle$ durumları ayrılabilirken, $|10\rangle$ ve tekli $|00\rangle$ durumu dolanık durumlardır. Ayrılabilir $|11\rangle$ ve $|1,-1\rangle$ durumların aşağıda gösterilen çizgisel bileşimleri alınarak dolanık durumlar oluşturulabilir. Bu şekilde oluşturulan

$$|\Phi^\pm\rangle = \frac{1}{\sqrt{2}}(|1\rangle \otimes |1\rangle \pm |0\rangle \otimes |0\rangle)$$

$$|\psi^\pm\rangle = \frac{1}{\sqrt{2}}(|1\rangle \otimes |0\rangle \pm |0\rangle \otimes |1\rangle)^1 \quad (2.4)$$

dört dik dolanık duruma Bell durumları veya EPR durumları denir.

Bell durumları kutuplanma durumlarıyla dolanık haldeki iki foton sistemini de temsil ederler. Bu durumda $|+\rangle$ yatay kutuplanma durumuna ve $|-\rangle$ de dikey kutuplanma durumuna karşılık gelir.

Üçlü (triplet) $|11\rangle$ durumu gibi ayrılabilir bir durumda sistem, $s = 1 = m$ durumundadır ve her iki bileşeni de kesinlikle $m_1 = 1/2 = m_2$ durumundadır. Bunlar hem sistem hem de altsistemler ile ilgili bilinebilecek en iyi bilgilerdir. Diğer taraftan, dolanık durumlarda sistemle ilgili en iyi bilgiye sahip olunmasına karşın, bileşenlerle ilgili bilgi o kadar iyi değildir. Örneğin spin-singlet durumunda, sadece birinci spini $|+\rangle$ ya da $|-\rangle$ durumunda bulma olasılığının % 50 olduğu bilgisi vardır. Bu bilgi ve bundan türetilebilecek diğer bilgiler, ayrılabilir durumdaki bilgiler kadar iyi değildir. Bu, ikinci sistem için de böyledir. Buna karşın sistem, $s = 0 = m$ durumundadır.

---

[1] $|\psi^\pm\rangle$ ve $|\Phi^\pm\rangle$ durumları sırasıyla $|\psi^\pm\rangle = (1/\sqrt{2})(|10\rangle \pm |01\rangle)$ ve $|\Phi^\pm\rangle = (1/\sqrt{2})(|00\rangle \pm |11\rangle)$ şeklinde de yazılabilirler.

Dolanık durumda bulunan bir sistemin kendisi ile ilgili bilgi, her kuantum sayısının (yukarıdaki sistem için s ve m sayılarının) kesin değerlerini bilme imkanı tanımayabilir. Örneğin, ayrılabilir üçlü durumların (2.4) denklemindeki $|\Phi^{\pm}\rangle$ çizgisel bileşimlerini göz önüne alalım. Bunlar en basit bir koherent üst-üste gelimi de gösterir: Terimlerdeki durum vektörleri ve katsayıları bir kere açıkça yazılınca, terimler arasında artık iyi belirlenmiş bir faz ilişkisi vardır. $|\Phi^{\pm}\rangle$'lerin her ikisi de dolanık durumlardır. Sistem $|\Phi^{+}\rangle$ (ya da $|\Phi^{-}\rangle$) durumunda iken yine sistem ile ilgili en iyi bilgi mevcuttur: Herşeyden önce sistem kesin olarak bilinen (açıkça $|\Phi^{+}\rangle$) bir kuantum durumundadır. Fakat bu sefer $s = 1$ olduğunu kesin olarak bilmemize karşılık, m sayısı % 50 olasılıkla 1 ve aynı olasılıkla -1 olabilir. Dolanık durumlarda, bir altsisteme iyi belirlenmiş bir kuantum durumu karşılık getirilemeyebilir.

1935'te yayınlanan EPR (Einstein, Podolsky, Rosen) makalesinden hemen sonra, Schrödinger'in aynı yıl yayınladığı ve Almanca basılan makalesinde dolanıklık için *verschränkung* sözcüğünü kullanır (Schrödinger 1935a). Bunun İngilizce karşılığı olarak aynı yıl yayınlanan ikinci makalesinde de dolanıklık olarak çevrilen *entanglement* sözcüğünü ilk kullanan odur (Schrödinger 1935b). Dolanık durumların yukarıda belirtilen özelliği için en iyi açıklamalardan biri de Schrödinger'in şu sözleridir: "...sistem ile ilgili olası en iyi bilgi, tamamen ayrılmış olsalar bile tüm altsistemleri ile ilgili olası en iyi bilgiyi içermesi gerekmez."

İki farklı sistemden oluşan bir bileşik sistemin sahip olduğu kuantum durumlarında, altsistemlerin durumları arasında korelasyon varsa iki sistemin dolanık olduğu söylenebilir. Dolanık durumlar daha çok elektronlar ve fotonlarla elde edilmeleri yanında atomlar, çekirdekler ve diğer iyonlar da bu amaçla kullanılmaktadır. Örnek vermek gerekirse, aynı orbitali paylaşan elektronlar dolanıktır. Bu elektronların spinlerinin zıt olması gerektiği bilinmektedir. Ancak Kopenhag yorumlarına göre bir ölçüm yapılmamışsa her bir parçacığın durumu yukarı ve aşağı spinli durumların üst üste gelmişidir.

2.1 Einstein'ın Yerellik İlkesi

Kuantum mekaniğinde dolanıklık gerçeği, fiziksel olayların önce yakın çevresini etkileyeceğini söyleyen yerellik ilkesine aykırı geliyordu. Ayrıca dolanıklık kavramında varmış gibi görünen 'anlık' iletişim düşüncesi de ışık hızından hızlı mesaj iletimini yasaklayan özel görelilik ilkesini ihlal ettiği izlenimini vermekteydi. Fakat tek başına dolanıklık olgusu kodlanmış ve bilinçli bir bilgi iletişimini olanaklı kılmamaktadır. Çünkü kuantum mekaniksel ölçüm sonuçları tamamen rastlantısaldır ve olasılıklara dayanmaktadır. Bu yüzden özel görelilik ilkesine aykırılık teşkil etmez. Yine de eşzamanlı bir iletişim itirazlara neden olmuş ve kuantum mekaniğinin tam olmayan, eksik bir teori olduğu fikrini gündeme getirmiştir. Bu iddialardaki en büyük dayanak ise yerellik ve nedensellik ilkeleridir.

Yerellik ilkesi fiziksel olayların önce yakın çevresini etkilediğini yani etkinin sonlu hızlarla ilerlediğini söyler. Einstein genel görelilik kuramında kütlenin içinde bulunduğu uzayda eğilme ve bükülmelere neden olduğunu ve bu eğilmeyi diğer cisimlerin kendilerine uygulanmış bir kuvvetmiş gibi algıladıklarını söyleyerek kütle-çekim kuvvetine yerel bir açıklama getirmiştir. Bu, Newton teorisindeki uzaktan etki düşüncesine göre önemli bir gelişmedir: Bilindiği gibi Newton'un genel çekim yasasına göre bir kütle çok uzaktaki başka bir kütleye anlık bir kuvvet uygular.

Nedensellik ilkesi ise neden-sonuç ilişkisine bağlı iki olaydan nedenin sonuçtan önce meydana gelmesi gerektiğini söyler. Özel görelilik kuramındaki konum-zaman dönüşümlerine göre eğer mesaj ışıktan hızlı gönderilebiliyorsa, o zaman gönderene göre hareket eden bazı gözlemciler, sonucun nedenden önce oluştuğunu görürler. Bu da nedensellik ilkesine aykırıdır. Ancak kuantum dolanıklıkta varmış gibi görünen eşzamanlı iletişim, kodlanmış bir haber iletişimini sağlamadığından dolanıklık yerellik ilkesine aykırı ancak nedensellik ilkesiyle uyumlu bir olaydır.

Albert Einstein, Boris Podolsky ve Nathan Rosen'in 15 Mayıs 1935'te yayımladıkları 'Fiziksel gerçekliğin kuantum mekaniksel açıklaması tam olarak düşünülebilir mi?' adlı makale EPR makalesi ya da EPR paradoksu olarak bilinir (Einstein 1935). EPR makalesi esasen Kopenhag yorumunu hedef almaktaydı. Kopenhag yorumuna göre;

sistemi temsil eden dalga fonksiyonu herhangi bir fiziksel gerçekliğe karşılık gelmez, ancak yapılan bir ölçüm ya da gözlem sonucu mevcut sistem bozulmak şartıyla fiziksel gerçekliğe karşılık gelen bir veri elde edilebilir. EPR, işte bu yoruma karşı çıkarak şu iki varsayım üzerine düşünce sistemini kurar:

1. Eğer sistemi bozmadan sistemle ilgili bir fiziksel değer tam bir kesinlikle öngörülebilirse, bu durumda bu değere karşılık gelen bir fiziksel gerçeklik vardır.

2. Uzak mesafelerde bulunan iki sistem aynı anda birbirini etkileyemez. Tüm etkiler yereldir.

EPR makalesi bu kabulleri destekleyecek şekilde bir düşünce deneyi ortaya koydu. Bir tepkimeyle veya bir bozunum süreciyle ortaya çıkmış A ve B gibi iki parçacık düşünülsün ve oluşumdan sonra birbirlerinden uzaysal olarak ayrılmış olsunlar. Momentum korunumu (bileşke dış kuvvetin olmadığı) her durumda sağlanmak zorunda olduğundan, A parçacığının momentumu ölçülürse B parçacığının momentumu 'hem de ölçüm yapmadan' öngörülebilir. Benzer şekilde A parçacığının konumu ölçülseydi dolanık parçacıkların dalga fonksiyonları yardımıyla B'nin de konumu 'ölçüm yapmaksızın' öngörülebilir. O halde B üzerinde gözlem yapmadan B ile ilgili fiziksel bir bilgi korunum yasalarının öngördüğü bir kesinlikle belirlenmiş olmaktadır. EPR'ye göre 'sistem, ölçmeden de bir fiziksel gerçekliğe karşılık gelmektedir' denilebilir.

Bu durumda EPR düşüncesine göre aşağıdaki ilk önerme ikincisini gerektirmektedir.

1. Teoride belirtilen (sıra değişmeyen işlemcilere karşılık gelen) gözlenebilirler eş zamanlı bir gerçekliğe sahip olamazlar.
2. Bir fiziksel sistemin durumuyla ilgili gerçekliğin kuantum mekaniğinde dalga fonksiyonu ile betimlenmesi tam değildir (Einstein 1935).

EPR yazarlarını bu sonuca götüren; uzaysal olarak ayrılmış dolanık durumdaki iki parçacıktan sadece biri üzerinde ölçüm yaparak diğeriyle ilgili konum ve momentum öngörüsünde bulunmalarıdır. Oysa Kopenhag yorumuna göre uzak parçacıkların durumu ölçümden önce 'gerçek' değildir. Ancak parçacıklardan birine yapılan ölçüm uzaktaki diğer parçacığın durumunu 'anlık' olarak etkilemekte gibi görünse de gerçekte böyle bir etki yoktur. EPR'ye göre bu, 'yerellik' ilkesinin ihlali anlamına gelmektedir. Birinci önermenin değilinin imkansız olduğu gerçeği ister istemez diğer önermeyi; yani, kuantum teorisinin eksik olduğu düşüncesini öne çıkarmaktadır. Einstein'a göre parçacıklar arasındaki bu etki mutlaka gözden kaçırılan yerel bir etki olmalıdır. Teorinin tamamlanması için bu etkiyi adres gösterir ve kuantum teorisini tamamlayacak olan bu teori 'yerel gizli değişkenler' adıyla bilinir.

Einstein'a göre kuantum teorisi 'EPR paradoksunu' açıklayacak şekilde genişletilmelidir. Teoride kendini başarıyla gizleyen 'gizli değişkenler' bulunmalıdır. Ancak kuantum teorisi yapılan bütün deneysel testleri başarıyla tamamlamakta ve öngörüleri doğrulamaktadır. Bu nedenle bir gizli değişkenler kuramı kurmak isteyen kişi yeni kuramın kuantum teorisiyle aynı sonuçları vermesine özen göstermelidir. Ancak böyle bir kuram oluşturulsa bile kuantum teorisiyle aynı sonucu vereceğinden dolayı hangisinin doğru olduğunu anlamak mümkün olmayacaktır.

John Bell'in çalışmalarıyla o ana kadarki felsefi tartışmalar laboratuara taşınır. EPR paradoksu kuantum kuramının eksik bir teori olduğunu ileri sürerken dayandığı en büyük varsayım yerelliktir. Bell, dolanık parçacıklar için yerel kuramların kuantum kuramından farklı deneysel sonuçlar öngördüğünü ve gizli değişkenlerin kuantum teorisiyle aynı sonuçları veremeyeceğini ispatlar. 1964'te yayınladığı makalelerden birinde bulunan ve daha sonra kendi adıyla 'Bell Eşitsizliği' olarak ünlenen eşitsizlik, yerelliğin ya da kuantum teorisinin doğruluğunu deneysel olarak test edebilecek niteliktedir.

2.2 Kuantum Korelasyonlar

Dolanık durumların uzaysal olarak birbirlerinden uzaklaştırılabilen bileşenleri üzerinde yapılacak ölçümlerin olası sonuçları arasında, genel olarak kuantum korelasyonlar denilen ve klasik karşılıkları olmayan bağıntılar vardır. Kuantum korelasyonlar, ölçüm anlarında bileşenler arasındaki etkileşmeye bağlı olmayıp, dolanık durum oluşturulduğundan beri var olan karşılıklı bağıntılardır. Bunları anlamak için sadece iki-parçalı (bipartite) sistemler göz önüne alınacak ve bileşenlerin üzerlerinde ayrı ayrı deneyler ve ölçümler yapılabilecek şekilde birbirlerinden uzaklaştırıldıkları varsayılacaktır.

Ayrılabilir durumları karakterize eden ve çok-parçalı ayrılabilir durumlara kolayca genellenebilen üç önemli özellik şunlardır:

(1) Bileşenler iyice ayrılmışken, birini bir kuantum durumuna (örneğin bir Stern-Gerlach aleti ile $|a\rangle$ durumuna) ve diğerini de istenilen başka bir kuantum (örneğin $|b\rangle$) durumuna getirerek $|\psi\rangle = |a\rangle \otimes |b\rangle$ ayrılabilir durumu oluşturulabilir. Kısaca, ayrılabilir durumlar yerel olarak (ayrı ayrı laboratuarlardaki işlemlerle) oluşturulabilirler.

(2) $A \otimes B$ şeklindeki işlemcilerin ayrılabilir bir durumundaki beklenen değeri, işlemcilerin ait oldukları bileşenlerdeki beklenen değerlerin çarpımıdır.

$$\langle\psi|A \otimes B|\psi\rangle = \langle a|A|a\rangle\langle b|B|b\rangle \quad (2.5)$$

(3) Bir bileşen üzerindeki ölçümün olası sonucu, diğer bileşen üzerinde ölçümün yapılıp yapılmadığına veya onda ne tür ölçüm yapılmış olduğuna bağlı değildir.

Bileşik sistemlerin bütünlükçü bir özelliği olan dolanık durumlar, ayrılabilir durum vektörlerinin bir koherent üst-üste gelimi ile temsil edilen ayrılamaz durumlardır. Bu yüzden yerel etkileşmeler ile oluşturulamazlar. Bunlar, bileşenler bir arada iken ki karşılıklı etkileşmeler ile veya her iki bileşenin henüz ortada olmadıkları bir bozunum veya yayma süreci sonucunda oluşurlar. Ayrıca; daha önce hiç etkileşmemiş olan, ancak başka iki parçacıkla dolanık halde olan iki parçacık dolanık hale getirilebilir. Bu olaya dolanıklık trampası denilir (Kesim 7.4). Yukarıdaki (2.5) bağıntısı dolanık durumlar için geçerli değildir ve daha önemlisi bir bileşeni üzerinde yapılacak bir ölçümün olası sonucu, diğer bileşen üzerinde henüz ölçüm yapılıp yapılmadığına ve ölçüm yapılmışsa bunun ne tür bir ölçüm olduğuna sıkıca bağlıdır. Bu ifadeleri somutlaştırmak için, küresel koordinatlarda $n = (\sin\theta\cos\varphi, \sin\theta\sin\varphi, \cos\theta)$ ile gösterilen n birim vektörü cinsinden yazılan

$$|\psi^-\rangle = \frac{e^{-i\varphi}}{\sqrt{2}}(|n+\rangle \otimes |n-\rangle - |n-\rangle \otimes |n+\rangle) \quad (2.6)$$

spin-singlet durumu ile ilgili aşağıdaki gözlemleri sıralayalım.

(1) Birinci parçacık için S_{1z} ölçülmüş ve $+\hbar/2$ bulunmuş ise, ikinci parçacık için S_{2z} ölçümünün $-\hbar/2$ olacağı % 100 olasılıkla öngörülebilir. İkinci parçacık için S_{2x} ölçümü yapılırsa $|-\rangle = (|x+\rangle + |x-\rangle)/\sqrt{2}$ olacağından, bunun eşit %50 olasılıklarla $\pm\hbar/2$ olacağı öngörülebilir. Eğer ikinci parçacık üzerinde $S_2 \cdot n$ ölçümü yapılırsa

$$|-\rangle = \cos\frac{\theta}{2}|n+\rangle + \sin\frac{\theta}{2}|n-\rangle \qquad (2.7)$$

olduğundan, $\cos^2(\theta/2)$ olasılıkla $+\hbar/2$ ve $\sin^2(\theta/2)$ olasılıkla da $-\hbar/2$ olacağı öngörülebilir.

(2) Birinci parçacık için $S_1 \cdot n$ ölçülmüş ve $+\hbar/2$ bulunmuş ise, ikinci için $S_2 \cdot n$ ölçümünün $-\hbar/2$ olacağı % 100 olasılıkla öngörülebilir. Bunun yerine S_{2z} ölçülürse $\sin^2(\theta/2)$ olasılıkla $\hbar/2$ ve $\cos^2(\theta/2)$ olasılıkla $-\hbar/2$ olacağı öngörülebilir.

(3) İkinci parçacığın spini ölçüldüğünde, birinci parçacığın üzerinde henüz hiçbir ölçümün yapılmamış olduğunu varsayalım. S_{2x} (ya da $S_2 \cdot n$) ölçümü yapılırsa bunun $\pm\hbar/2$ olacağı eşit % 50 olasılıklarla öngörülebilir.

Bu gözlemlerden çıkarılabilecek önemli bir sonuç şudur: İkinci parçacık adeta ilk parçacık üzerinde ne tür bir ölçüm yapıldığını (veya yapılmadığını) adeta "hissetmektedir". Fakat unutulmamalıdır ki bu korelasyonlar, söz konusu dolanık durum yaratıldığından beri vardır ve parçacıklar onlarca ışık yılı mesafesi kadar ayrılmış olsalar bile (bu esnada bir dış etkiye maruz kalmamışlarsa), bu korelasyonlar varlıklarını devam ettirirler.

3. SPİN KORELASYON ÖLÇÜMLERİ VE BELL-TİPİ EŞİTSİZLİKLER

Kuantum korelasyonlar, koherent üst-üste gelimlerin doğal sonucu olduğundan klasik karşılıkları yoktur. Çünkü koherent üst-üste gelimin klasik karşılığı yoktur. Bunu görmek için, birinin kırmızı ve diğerinin sarı olduğu bilinen iki tenis topunun birer kutuya konularak iki farklı yerde bulunan ve sadece kullanılan iki renkten haberdar olan iki gözlemciye gönderildiklerini varsayalım. Kutusunu açıp topun kırmızı olduğunu gören gözlemci, diğer topun sarı olacağını kesinlikle öngörebilir. Bu durumda diğer gözlemci de (birinci gözlemciden daha önce ya da daha sonra) kutusunu açtığında topunun sarı olduğunu görecektir. Başka bir seçenek mümkün değildir. Kutulardan birinin açılmadan önce eşit olasılıkla sarı ya da kırmızı çıkacağı ve kutu açılsa da açılmasa da içindeki topun bir tek renginin olduğu aşikârdır. Fakat kapalı kutudaki topun bu iki seçeneğin koherent üst-üste gelimi olan durumda bulunduğu söylenebilir mi? Havaya fırlatıldıktan sonra yatay bir masa üzerinde üstü kapalı tutulan para, yazı ve tura durumlarının bir koherent üst-üste gelimi olan bir durumda bulunamaz.

3.1 Spin-Singlet Durumlarda Korelasyonlar

Kuantum mekaniğinin önemli özelliklerini görmek için açısal momentumun toplanmasının en basit örneği olan iki spin $-1/2$ parçacıktan oluşan bileşik bir sistemin spin-singlet durumunu ele alalım:

$$|\psi^-\rangle = \frac{1}{\sqrt{2}}(|10\rangle - |01\rangle) = \frac{1}{\sqrt{2}}(|z-;\, z+\rangle - |z+\,;z-\rangle). \tag{3.1}$$

Burada $|z+\,;z-\rangle$ durumu birinci elektronun spin-yukarı ve ikinci elektronun spin-aşağı durumda olduğunu gösterir. $|z-;\, z+\rangle$ durumu için de benzer ifadeler geçerlidir. Ayrıca z yerine herhangi bir birim vektör de alınabilir. Çünkü spin-singlet durumlar için uzayda tercihli bir yön yoktur.

Elektronların birisinin spin bileşeni üzerinde bir ölçüm yapıldığını varsayalım. Açıkça spinin yukarı ya da aşağı olması için % 50 olasılık vardır. Çünkü bileşik sistem eşit olasılıklarla $|z+\,;z-\rangle$ durumunda ya da $|z-;\, z+\rangle$ durumunda olabilir. Fakat bileşenlerden birisi spin-yukarı durumunda bulunursa, diğeri kesinlikle spin-aşağı durumundadır. Bunun tersi de doğrudur. Birinci elektronun spin bileşeni yukarı olarak göründüğünde, ölçüm aleti (3.1) denklemindeki $|z+;z-\rangle$ terimini seçmiştir. İkinci elektronun spin bileşenin sonraki bir ölçümü $|z+;z-\rangle$ ile verilmiş olan bileşik sistemin durum vektöründen belirlenmelidir.

Zıt yönlerde hareket eden iki spin $-1/2$ parçacık sistemini ele alalım. Bir A genellikle Alice diye adlandırılır) gözlemcisi birinci parçacığın S_z ölçümünü, B gözlemcisi (genellikle Bob diye adlandırılır) ise ikinci parçacığın S_z ölçümünü yapsın. Daha belirleyici olmak için, A gözlemcisi S_z'yi birinci parçacık için pozitif olarak bulsun. A gözlemcisi, B'nin herhangi bir ölçüm yapmasından önce bile, kesinlikle B'nin ölçümünün sonucunu öngörebilir: B gözlemcisi, ikinci parçacık için S_z'yi negatif olarak bulmalıdır. A hiçbir ölçüm yapmazsa B'nin S_z + ya da S_z - bulma olasılığı % 50'dir.

Tek bir spin $-1/2$ sistemi için S_z ve S_x özdurumlarını yeniden yazalım:

$$|x\pm\rangle=\frac{1}{\sqrt{2}}(|z+\rangle\pm|z-\rangle)\;,\quad |z\pm\rangle=\frac{1}{\sqrt{2}}(|x+\rangle\pm|x-\rangle). \tag{3.2}$$

Şimdi bileşik sistem için kuantizasyon ekseni olarak x-yönü seçilirse (3.1) spin-singlet durumu

$$|\psi^-\rangle=\frac{1}{\sqrt{2}}(|x-;x+\rangle-|x+;x-\rangle) \tag{3.3}$$

şeklinde yeniden yazılabilir. Bu denklem doğrudan (3.1) denkleminden de yazılabilir. Şimdi A gözlemcisinin, spin çözümleyicisinin yönünü değiştirerek birinci parçacığın S_z ya da S_x durumunu ölçmek için seçilebileceğini varsayalım. B gözlemcisi ise her zaman ikinci parçacığın S_x ölçümünü yapsın. Eğer A gözlemcisi birinci parçacığın S_z bileşenini pozitif olarak belirlerse, B gözlemcisi açıkça % 50 olasılıkla S_z + ya da S_x − şeklinde bulacaktır. İkinci parçacığın S_z bileşeninin kesinlikle negatif olduğu bilinse bile, S_x bileşeni tamamen belirlenemez. Diğer bir ifadeyle, A gözlemcisinin de S_x bileşeninin ölçmeyi seçtiğini varsayalım. Eğer A gözlemcisi birinci parçacığın S_x bileşeninin pozitif olduğunu belirlerse, B gözlemcisi ikinci parçacığın S_x bileşeninin negatif olduğunu ölçecektir. Son olarak, A hiç ölçüm yapmamayı seçerse, elbette B % 50 ihtimalle S_x + ya da S_x − bulunacaktır. Özetleyecek olursak (Sakurai 1994);

1. A gözlemcisi, S_z 'yi ölçerse ve B gözlemcisi de S_x'i ölçerse, iki ölçüm arasında tamamen gelişigüzel bir korelasyon vardır.

2. A gözlemcisi, S_x'i ölçerse ve B gözlemcisi de S_x'i ölçerse, iki ölçüm arasında % 100 zıt işaretli bir korelasyon vardır.

3. Eğer A gözlemcisi hiçbir ölçüm yapmazsa, B gözlemcisinin ölçümleri gelişigüzel sonuçları gösterir.

A ve B gözlemcileri S_x ya da S_z'yi ölçmeyi seçtiklerinde, çizelge 3.1 bu ölçümlerin olası bütün sonuçlarını gösterir.

B gözlemcisinin ölçümünün sonucu, A gözlemcisinin ne tür ölçüm yaptığına bağlıdır: Bir S_x ölçümü, bir S_z ölçümü ya da hiçbir ölçüm. A ve B, hiçbir şekilde iletişim olasılığının ya da karşılıklı etkileşmelerin olmadığı şekilde birbirlerinden uzaysal olarak ayrılmış olabilirler. A gözlemcisi, iki parçacığın ayrılmasından çok sonra spin-çözümleyici aletlerinin yönüne karar verebilir. İkinci parçacık, birinci parçacığın ölçümünün sonucunun ne olduğunu "biliyormuş gibidir." Bu durumun kuantum mekaniksel yorumu şu şekildedir: A ölçümü bir seçim (ya da filtreleme) sürecidir. Birinci parçacığın S_z bileşeni pozitif olarak ölçüldüğünde, $|z+;z-\rangle$ bileşeni seçilir. Diğer parçacığın S_z bileşeninin hemen sonraki bir ölçümü, aslında, sistemin hala $|z+;z-\rangle$ durumunda olduğunu tayin eder. Sistemin bir parçası üzerindeki ölçüm, tüm sistem üzerindeki bir ölçüm olarak kabul edilmelidir.

Çizelge 3.1 Spin-korelasyon ölçümleri (Sakurai 1994)

A tarafından ölçülmüş Spin bileşeni	A'nın Sonucu	B tarafından ölçülmüş Spin bileşeni	B'nin Sonucu
z	+	z	-
z	-	x	+
x	-	z	-
x	-	z	+
z	+	x	-
x	+	x	-
z	+	x	+
x	-	x	+
z	-	z	+
z	-	x	-
x	+	z	+
z	+	z	-

Bell, Einstein'ın yerellik ilkesine dayanan alternatif teorilerin aslında kuantum mekaniğinin öngörüleriyle örtüşen spin-korelasyon deneylerinin test edilebilir bir eşitsizlik bağıntısı öngördüğüne dikkati çeker.

Burada çeşitli alternatif teorilerin esas özelliklerini birleştiren ve E. P. Wigner tarafından bulunmuş olan basit bir model çerçevesi içinde Bell eşitsizliği türetilecektir (Sakurai 1994, s.227-231). S_x ve S_z'yi eşzamanlı olarak belirlemek imkansız olmasına karşılık çok sayıda $\text{spin} - 1/2$ parçacığın varlığı durumunda aşağıdaki özelliklere sahip olan parçacıkların belirlenebileceği varsayılabilir:

- S_z ölçülmüş ise, kesinlikle artı bir işaret elde edilir.
- S_x ölçülmüş ise, kesinlikle eksi bir işaret elde edilir.

Bu özelliği sağlayan bir parçacık, $(z+,\ x-)$ şeklinde gösterilir. Eş zamanlı olarak S_z ve S_x 'in sırasıyla $+$ ve $-$ ölçülebileceği söylenemez. S_z ölçüldüğünde, S_x'i ölçülemez ve bu tersi için de geçerlidir. Aslında bileşenlerin sadece biri veya diğerinin ölçülebilmesi anlayışıyla tek yönden daha fazla yönlerde spin bileşenlerinin farklı değerleri belirlenebilir. Bu yaklaşım temel olarak kuantum mekaniğindekinden farklı olsa bile, spin-yukarı $(S_z +)$ durumunda yapılmış S_z ve S_x ölçümleri için kuantum mekaniksel öngörüler, $(z+,\ x-)$ durumunda olduğu kadar $(z+,\ x+)$ durumuna sahip birçok parçacığın varlığı sağlanarak yeniden üretilebilir.

Şimdi bu modelin bileşik spin-singlet sistemlerinde yapılmış spin-korelasyon ölçümleriyle nasıl açıklanabildiğini inceleyelim.

Özel bir çiftin toplam açısal momentumunu sıfır yapmak için birinci parçacık ve ikinci parçacık arasında mükemmel bir eşleşme olmalıdır: Birinci parçacık $(z+,\ x-)$ durumunda ise ikinci parçacık $(z-,\ x+)$ durumunda olmalıdır. Çizelge 3.2'de gösterildiği gibi, birinci parçacık ve ikinci parçacık aşağıdaki gibi eşit dağılımlarla, yani her biri % 25, eşleşirse korelasyon ölçümlerinin sonuçları yeniden yazılabilir.

Çizelge 3.2 İki yönde yapılan ölçümlere göre spin-korelasyon ölçümleri

1. Parçacık	2. Parçacık	
$(z+,\ x-)$	$(z-,\ x+)$	(3.4a)
$(z+,\ x+)$	$(z-,\ x-)$	(3.4b)
$(z-,\ x+)$	$(z+,\ x-)$	(3.4c)
$(z-,\ x-)$	$(z+,\ x+)$	(3.4d)

Denklem (3.4a) şeklindeki özel bir çifti düşünelim. A gözlemcisi birinci parçacığın S_z bileşenini ölçmeye karar versin. A gözlemcisi, B gözlemcisinin S_z ya da S_x'i ölçmeye karar verip vermesine bakmaksızın kesinlikle artı bir işaret elde edecektir. Bu bağlamda, Einstein'ın yerellik ilkesi bu modele dahil edilmiş olur: A'nın sonucu, B'nin ne ölçeceği seçiminden bağımsız olarak önceden belirlenir.

Şimdi genel kuantum mekaniksel öngörülerden farklı öngörülere götüren daha karmaşık durumları ele alacağız. Birbirlerine dik olmayan a, b ve c şeklinde üç birim vektör olsun. Parçacıklardan birisinin $(a-, b+, c+)$ tipinde olduğunu düşünelim: $S \cdot a$ ölçülmüş ise kesinlikle eksi, $S \cdot b$ ölçülmüş ise kesinlikle artı ve $S \cdot c$ ölçülmüş ise kesinlikle artı elde edilir. Yeniden toplam açısal momentumun sıfır olması için diğer parçacığın kesinlikle $(a+, b-, c-)$ şeklinde olması gibi mükemmel bir eşleşme olmalıdır. Verilen herhangi bir olayda parçacık çifti çizelge 3.3'te verilen sekiz tipten birine ait olmalıdır. Bu sekiz olasılık karşılıklı olarak birbirlerinden ayrıktır ve kesişimleri yoktur. Her bir tipin sayısı ilk kolonda gösterilmiştir.

A gözlemcisinin $S_1 \cdot a$ ölçümünü artı bulduğunu ve B gözlemcisinin de $S_2 \cdot b$ ölçümünü artı bulduğunu varsayalım. Çizelge 3.3'ten açıkça görüldüğü gibi bu durum üçüncü ve dördüncü durumlarda vardır. Bu durumdaki parçacık çiftlerinin sayısı $N_3 + N_4$ şeklinde tanımlanır. $N_i \geq 0$ olduğundan aşağıdaki gibi bir eşitsizlik yazılabilir:

$$N_3 + N_4 \leq (N_2 + N_4) + (N_3 + N_7) \qquad (3.5)$$

Çizelge 3.3 Alternatif teorilerde spin-bileşen eşleşmesi

Sayı	1. Parçacık	2. Parçacık
N_1	$(a+,b+,c+)$	$(a-,b-,c-)$
N_2	$(a+,b+,c-)$	$(a-,b-,c+)$
N_3	$(a+,b-,c+)$	$(a-,b+,c-)$
N_4	$(a+,b-,c-)$	$(a-,b+,c+)$
N_5	$(a-,b+,c+)$	$(a+,b-,c-)$
N_6	$(a-,b+,c-)$	$(a+,b-,c+)$
N_7	$(a-,b-,c+)$	$(a+,b+,c-)$
N_8	$(a-,b-,c-)$	$(a+,b+,c+)$

$P(a+,b+)$, gelişigüzel bir seçimde, A gözlemcisinin $S_1 \cdot a$ ölçümünü artı bulma ve B gözlemcisinin de $S_2 \cdot b$ ölçümünü artı bulma olasılığı olsun. Açıkça görüleceği gibi bu olasılık,

$$P(a+,b+) = \frac{(N_3 + N_4)}{\sum_i^8 N_i} \tag{3.6}$$

şeklinde yazılabilir. Benzer şekilde diğer durumlar için de aynı eşitlikler yazılabilir:

$$P(a+;\ c+) = \frac{(N_2 + N_4)}{\sum_i^8 N_i} \quad \text{ve} \quad P(c+;\ b+) = \frac{(N_3 + N_7)}{\sum_i^8 N_i}. \tag{3.7}$$

Denklem (3.5)'teki eşitsizlikten

$$P(a+,b+) \leq P(a+;\ c+) + P(c+;\ b+) \tag{3.8}$$

yazılabilir. Bu eşitsizlik Einstein yerellik ilkesinden çıkan Bell eşitsizliğidir (Bell 1964).

3.2 Kuantum Mekaniği ve Bell Eşitsizliği

Kuantum mekaniğinde, yukarıdaki gibi olasılıklarla belirlenen parçacık çiftlerinden değil, tümü örneğin $|\psi^-\rangle$ spin-singlet durumu ile betimlenen parçacıkların bir topluluğundan bahsedilebilir. Bu durumda kuantum mekaniğinin kurallarını kullanarak, (3.6) ve (3.7) denklemindeki üç terimin her birisi açık bir şekilde tekrar hesaplanabilir.

İlk olarak, $P(a+, b+)$ terimini hesaplayalım. A gözlemcisi, $S_1 \cdot a$ ölçümünü pozitif bulsun. Daha önce tartışıldığı gibi % 100 zıt işaret korelasyonundan dolayı B gözlemcisinin $S_2 \cdot a$ ölçümü kesinlikle eksi bir işaret verecektir. Fakat $P(a+, b+)$ terimini hesaplamak için, şekil 3.1'de gösterildiği gibi a ile bir θ_{ab} açısı yapan b gibi yeni bir kuantizasyon eksenini ele alınmalıdır.

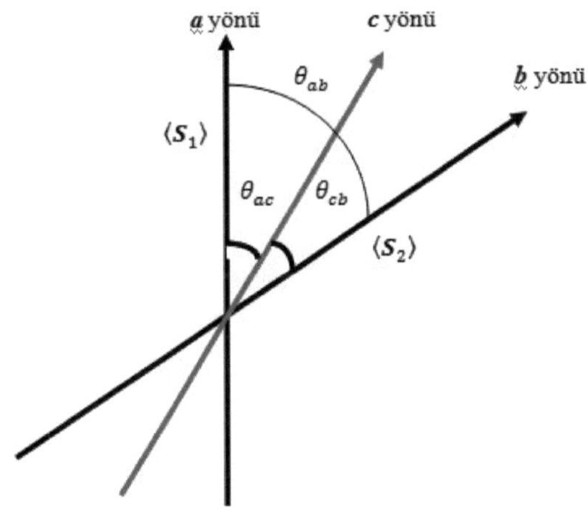

Şekil 3.1 $P(a+; b+)$ 'nin tespiti

İkinci parçacık, negatif özdeğerli $S_2 \cdot a$'nın bir özketinde iken $S_2 \cdot b$ ölçümünü artı (+) bulma olasılığı,

$$\cos^2\left[\frac{(\pi - \theta_{ab})}{2}\right] = \sin^2\left(\frac{\theta_{ab}}{2}\right) \tag{3.9}$$

şeklinde verilir. Sonuç olarak,

$$P(a+; b+) = \frac{1}{2}\sin^2\left(\frac{\theta_{ab}}{2}\right) \tag{3.10}$$

denklemi elde edilir. Burada $1/2$ faktörü $S_1 \cdot a$ durumunu başlangıç olarak artı değerli elde etme olasılığından gelir. (3.10) denklemi kullanılarak, (3.8) denkleminin diğer iki terimine genelleştirmesiyle Bell Eşitsizliği şu şekilde yazılabilir:

$$\sin^2\left(\frac{\theta_{ab}}{2}\right) \leq \sin^2\left(\frac{\theta_{ac}}{2}\right) + \sin^2\left(\frac{\theta_{cb}}{2}\right). \tag{3.11}$$

Bu eşitsizlik her zaman sağlanmaz. Bunu görmek için a, b ve c vektörlerini aynı bir düzlem boyunca seçelim. c, a ve b tarafından tanımlanmış olan iki açıyı iki eşit parçaya bölsün:

$$\theta_{ab} = 2\theta, \quad \theta_{ac} = \theta_{cb} = \theta\,. \tag{3.12}$$

Bu durumda (3.11) eşitsizliği

$$\sin^2(\theta) \leq 2\sin^2\left(\frac{\theta}{2}\right) \tag{3.13}$$

şeklinde olup $0 < \theta < \pi/2$ aralığındaki θ değerleri için ihlal edilir (Bkz: Şekil 3.3). Örneğin, $\theta = \pi/4$ alındığında yanlış olan $0.500 \leq 0.292$ eşitsizliği ve $\theta = \pi/3$ için de yanlış $0.75 \leq 0.50$ eşitsizliğini verir.(3.13) eşitsizliğinin sağlandığı ve ihlal edildiği tüm θ değerleri (3.3) grafiğinde açıkça gösterilmiştir.

Kuantum mekaniksel öngörülerin Bell Eşitsizliğiyle uyumlu olmadığı görülür. Einstein yerellik ilkesini sağlayan alternatif teorilerin öngörüleriyle ve kuantum mekaniğinin öngörüleri arasındaki fark deneysel olarak test edilebilir.

Bell eşitsizliğini test etmek için düşük enerjili proton-proton saçılmasında elde dilen protonlar arasındaki spin korelasyonları ölçülmüştür. Uyarılmış bir atomun (Ca, Hg,...) ardışık bir geçişindeki fotonların bir çifti arasındaki foton-kutuplanma korelasyonları ya da bir pozitronyumun (S_0^1 deki bir e^+e^- bağlı durumu) bozunumunda Bell eşitsizlikleri test edilmiştir.

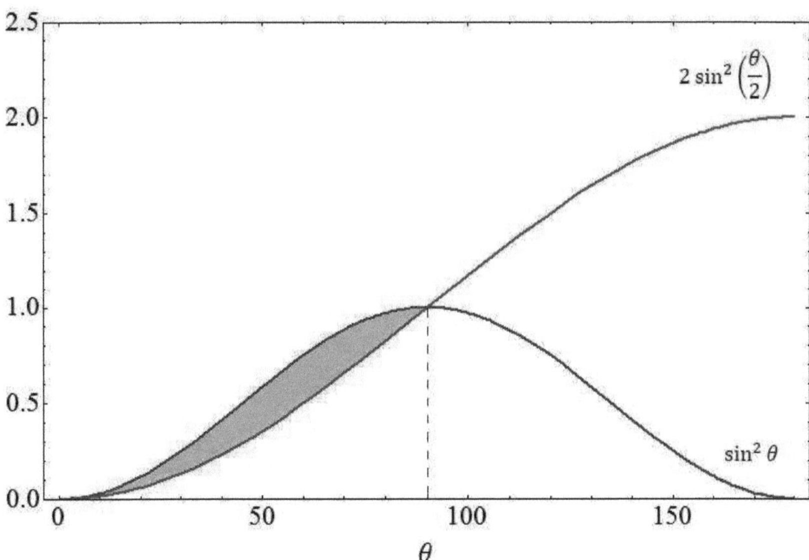

Şekil 3.2 $\sin^2(\theta) \leq 2\sin^2(\theta/2)$ grafiği (θ'nın $0 < \theta < 90^o$ aralığındaki değerlerinde (3.13) eşitsizliği ihlal edilir.)

3.3 CHSH (Clauser-Horne-Shimony-Holt) Eşitsizliği

EPR makalesinde, aynı eksenler boyunca ölçümler yapan iki gözlemci ile ilgilenilmiştir. Einstein'ın yerellik ilkesi, iki veya daha fazla fiziksel ayrık sistemin istatistiği üzerinde bazı kısıtlamalar içerir. Bu kısıtlamalar Bell eşitsizlikleridir ve kuantum mekaniğinin istatistiksel öngörüleri tarafından ihlal edilirler. Bell eşitsizliklerinin çok genel bir sınıfı için bu istatistiksel kısıtlamalar, bazı Hermitsel işlemcilerin (B) beklenen değeri üzerinde, yerel olarak gerçekçi bir sınır olarak yazılabilir:

$$\langle B \rangle \leq \beta_{LR}. \tag{3.14}$$

Burada B Bell işlemcisi olup β_{LR} ise yerel gerçekleri (LR: Local Realism) ifade eden Hermitsel işlemcinin beklenen değeri için bir üst sınırdır. Bazı durumlar için bu beklenen değer ifadesi β_{LR} sınırını geçerse, kuantum teorisinin Bell eşitsizliğinin bir ihlâlini öngördüğü söylenebilir. İşlemcilerin yazımındaki en büyük ihlal, Bell işlemcisinin en büyük özdeğeri tarafından verilecektir. Ayrıca en fazla ihlal üretebilen durumlar en büyük özdeğerli durumlardan birisi veya dejenere iseler karışımları olacaktır (Clauser 1969).

Özel olarak, birinci gözlemci için a ve a′ diğer gözlemci için de b ve b' birim vektör çiftlerini düşünelim ve

$$|\psi^-\rangle = \frac{1}{\sqrt{2}}(|10\rangle - |01\rangle) \tag{3.15}$$

şeklindeki bir spin-singlet durumuyla tanımlanan sistemlerin bir bileşimini göz önüne alalım. Örneğin; herbirisi toplam açısal momentumu sıfır olan parçacıkların bir çiftini üretebilen bozunumların bir serisine bakılabilir. Yapılacak ölçümlerdeki temel gerçekçi varsayım şudur: Her parçacık herhangi bir spin doğrultusu için her anda farklı bir değere sahip olsun. Koleksiyonun n. elemanındaki birinci parçacığın sahip olduğu $\langle \mathrm{a} \cdot \mathrm{S} \rangle_\psi$ değeri $2/\hbar$ ile çapılıp yazılırsa, $\langle \mathrm{a} \cdot \mathrm{S} \rangle_\psi = \pm\hbar/2$ olduğunda

$$a_n = \frac{2}{\hbar}\langle \mathrm{a} \cdot \mathrm{S} \rangle_\psi = \pm 1 \tag{3.16}$$

olacaktır. Bell eşitsizliklerinin türetilmesindeki anahtar malzeme, farklı yönler boyunca iki gözlemci tarafından yapılan ölçümler arasındaki korelasyondur. a ve b yönleri için bu korelasyon,

$$C(a,b) := \lim_{N\to\infty} \frac{1}{N} \sum_{n=1}^{N} a_n b_n \tag{3.17}$$

ile tanımlanır. Diğer yönler için de benzer bağıntılar yazılabilir. Sonuçlar her zaman tamamen korele ise $C(a,b) = +1$, tamamen anti-korele ise $C(a,b) = -1$ olur. Şimdi n. deneydeki ölçüm sonuçlarıyla kurulan aşağıdaki niceliği ele alalım:

$$g_n := a_n b_n + a_n b_n{}' + a_n{}' b_n - a_n{}' b_n{}'. \tag{3.18}$$

Bu toplamdaki her bir terim ya $+1$ ya da -1 değerini alacaktır. Ayrıca $(a_n)^2 = 1 = (b_n)^2$ olduğundan sağ taraftaki dördüncü terim ilk üç terimin çarpımına eşittir. Bu şartlar altında olası tüm seçenekler için g_n sadece ± 2 değerlerini alabilir. Bundan dolayı g_n'nin ortalamasının mutlak değerini gösteren

$$\left|\frac{1}{N}\sum_{n=1}^{N} g_n\right| = \left|\frac{1}{N}\sum_{n=1}^{N} a_n b_n + \frac{1}{N}\sum_{n=1}^{N} a_n b_n{}' + \frac{1}{N}\sum_{n=1}^{N} a_n{}' b_n - \frac{1}{N}\sum_{n=1}^{N} a_n{}' b_n{}'\right| \quad (3.19)$$

açılımının sağ tarafı 2'ye eşit ya da daha küçük olmalıdır. Böylece $N \to \infty$ limitinde Bell eşitsizliklerinden biri olan,

$$|C(a,b) + C(a,b') + C(a',b) - C(a',b')| \leq 2 \quad (3.20)$$

eşitsizliği elde edilir. (3.20) eşitsizliği Clauser-Horne-Shimony-Holt (CHSH) Eşitsizliği olarak bilinir (Clauser 1969). Burada a_k ve $a_k{}'$ ilk sisteme ait sırasıyla $(2/\hbar)\langle \mathrm{a} \cdot \mathrm{S} \rangle$ ve $(2/\hbar)\langle \mathrm{a}' \cdot S \rangle$ işlemcilerinin ± 1 değerli iki özdeğeridir ve benzer şekilde b_k ve $b_k{}'$ de ikinci sisteme ait benzer işlemcilerin özdeğerleridir. $C(a,b)$ fonksiyonu bu iki sistemde a ve b yönleri boyunca yapılan ölçümler arasındaki korelasyonu betimler.

Bu korelasyon kuantum mekaniksel olarak $\langle \mathrm{ab} \rangle$ şeklinde gösterilir. Buradaki a ve b işlemcilerinin özdeğerleri ± 1 olduğundan aşağıdaki koşulu sağlamalıdırlar:

$$\mathrm{a}^2 = \mathrm{a}'^2 = b^2 = b'^2 = \mathbb{I}. \quad (3.21)$$

Burada $\mathbb{I}$ birim işlemcidir.

CHSH eşitsizliğinin türetilmesi sırasındaki varsayımları vurgulamak da önemlidir.

1. Her parçacık için, herhangi bir yön boyunca spinin izdüşümünün gerçek değerlerini söylemek önemlidir.
2. Herhangi bir fiziksel niceliğin değerinin, ölçülen bileşik sistemin uzak parçasının durumunu değiştirmek üzerinde ölçüm yapılan yakın bileşenin durumunu değiştirmediği bir yerellik özelliği vardır. Bu, (3.16) denklemindeki a_n ifadesinin her iki değeri aynı olasılığa sahip olduğu anlamına gelir. Bu oluşumlar, ikinci parçacığın spinini ölçmek için diğer gözlemcinin seçtiği b ya da b ′ yönlerine bağlı değildir (Braunstein 1992).

Kuantum teorisinin öngörülerinin spin ölçümleri için yönlerin bir aralığı boyunca bu eşitsizliği ihlal ettiği gösterilebilir. a ve b eksenleri boyunca spin ölçümleri arasındaki korelasyon için kuantum mekaniksel öngörü;

$$C(a,b) := \left(\frac{2}{\hbar}\right)^2 \langle\psi|\mathrm{a}\cdot \mathrm{S}_{(1)} \otimes b\cdot \mathrm{S}_{(2)}|\psi\rangle \qquad (3.22)$$

şeklindedir (Isham 1995). Burada $\mathrm{S}_{(1)}$ ve $\mathrm{S}_{(2)}$ sırasıyla birinci ve ikinci parçacığın spin işlemcileridir ve herhangi iki işlemci için tensör çarpımı şu şekilde tanımlanır:

$$(A \otimes B)(\psi \otimes \Phi) = (A\psi) \otimes (B\Phi) \qquad (3.23)$$

Denklem (3.3)'teki $|\psi^{-}\rangle$ vektörünün toplam açısal momentumu sıfırdır. Koordinat sistemlerinin dönmelerini üreten üniter işlemciler altında değişmezdir. Bu, $C(\mathrm{a},\mathrm{b})$'nin $\cos\theta_{ab} = \mathrm{a}\cdot S$ ifadesinin de bir fonksiyonu olduğunu gösterir. b, x-z düzleminde bırakılırsa ve a'nın, z-ekseni boyunca olduğu varsayılırsa genellikten bir kayıp yoktur. Bu durumda (3.22) denklemi şu şekilde yazılabilir:

$$C(\mathrm{a},\mathrm{b}) = \langle\psi|\sigma_{1\mathrm{z}} \otimes (\sigma_{2\mathrm{z}}\cos\theta_{ab} + \sigma_{2\mathrm{x}}\sin\theta_{ab})|\psi\rangle. \qquad (3.24)$$

Burada $\sigma_{1\mathrm{z}}$, birinci parçacığın z yönündeki Pauli spin matrisidir. Sonuç olarak (3.24) denklemi,

$$C(\mathrm{a},\mathrm{b}) = -\cos\theta_{ab} \qquad (3.25)$$

şeklinde yazılabilir. Şimdi bunu özel bir duruma kısıtlayalım:

(i) $\mathrm{a},\mathrm{b},\mathrm{a}',\mathrm{b}'$ aynı düzlemde olsun.

(ii) a ve b paralel olsun.

(iii) $\theta_{\mathrm{ab}'} = \theta_{\mathrm{a}'\mathrm{b}} = \varphi$ olsun.

Bu durumda Bell eşitsizliği,

$$|1 + 2\cos\varphi - \cos 2\varphi| \leq 2 \qquad (3.26)$$

şeklinde yazılır (Isham 1995).

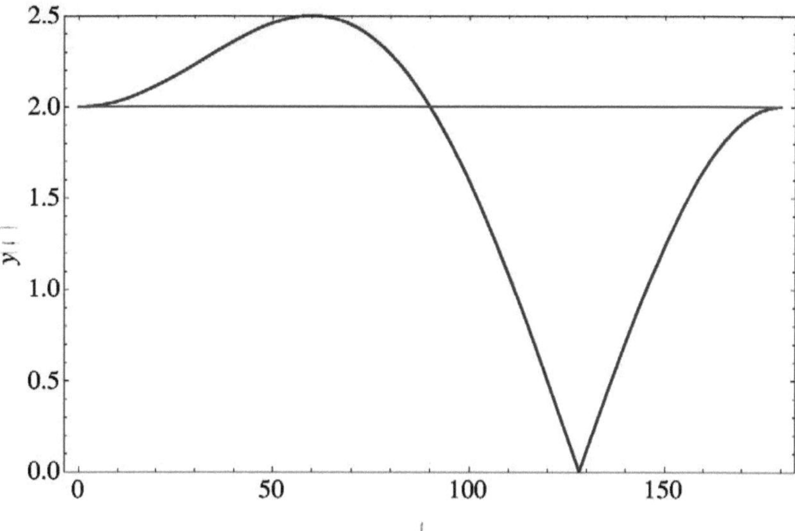

Şekil 3.3 $y(\varphi) = |1 + 2\cos\varphi - \cos 2\varphi|$ fonksiyonunun grafiği.

Şekil 3.3'te çizilmiş olan fonksiyonunun grafiğinden de açıkça görüldüğü gibi, φ'nin 0° ve 90° aralığındaki tüm değerleri için (3.26) eşitsizliği sağlanmamaktadır. Yani mutlak değer fonksiyonu 2'den büyük değerler de almaktadır.

Kuantum teorisinin öngörüleri deneysel olarak bu bölgede geçerli ise, o halde gözlenebilirler için ayrı değeri olan herhangi bir sistem, muhakkak temel bir yerel-olmama özelliği içermelidir. Bu, özel olarak, kuantum teorisinin sonuçlarıyla tamamen tutarlı olan herhangi bir gizli değişken teorisine uygulanabilir.

Dolanık olmayan herhangi bir durum Bell eşitsizliğini ihlal edemez. Bell eşitsizliklerini ihlal etmeyen dolanık durumlar da vardır (Kauffman 2008). Bunu görmek için CHSH eşitsizliği kullanılarak Bell eşitsizliğinin yapısına bakılabilir. Özdeğerleri ± 1 olan aşağıdaki gözlenebilirleri ele alalım:

$$Z = \begin{pmatrix} 1 & 0 \\ 0 & -1 \end{pmatrix}_1, \quad X = \begin{pmatrix} 0 & 1 \\ 1 & 0 \end{pmatrix}_1,$$

$$S = \frac{1}{\sqrt{2}}\begin{pmatrix} -1 & -1 \\ -1 & 1 \end{pmatrix}_2, \quad K = \frac{1}{\sqrt{2}}\begin{pmatrix} 1 & -1 \\ -1 & -1 \end{pmatrix}_2. \tag{3.27}$$

Burada 1 ve 2 alt indisleri

$$|\Theta\rangle = a|00\rangle + b|01\rangle + c|10\rangle + d|11\rangle \tag{3.28}$$

kuantum durumunun sırasıyla birinci ve ikinci tensör çarpanları üzerinde işlem yapacaklarını gösterir. Bu hesaplamanın sonuçlarını basitleştirmek için a, b, c ve d katsayılarını gerçel sayılar olarak seçelim. Bell eşitsizliklerinin ihlalini test etmek için

$$\Delta = \langle\Theta|ZS|\Theta\rangle + \langle\Theta|XS|\Theta\rangle + \langle\Theta|XK|\Theta\rangle - \langle\Theta|ZK|\Theta\rangle \tag{3.29}$$

niceliğini tanımlayalım. (3.27) ve (3.28) denklemleri (3.29) denkleminde yerine yazılırsa

$$\Delta = \frac{1}{\sqrt{2}}[2 - 4(a+d)^2 + 4(ad - bc)] \tag{3.30}$$

eşitliği elde edilir. ± 1 değerli gelişigüzel değişkenlerle klasik olasılık hesaplaması $ZS + XS + XK - ZK = \pm 2$ değerini verir (Q, R, S ve K'nin herbirisinin değeri ± 1'e eşittir). Böylece klasik beklenti

$$-2 \leq E(ZS) + E(XS) + E(XK) - E(ZK) \leq 2 \tag{3.31}$$

Bell eşitsizliğini sağlar. Kuantum beklenti ise klasik beklentiden tamamen farklıdır ve Δ niceliğinin 2'den daha büyük olabileceğini de içerir. Klasik durum

$$|\Phi^-\rangle = \frac{1}{\sqrt{2}}(|01\rangle - |10\rangle) \tag{3.32}$$

şeklinde bir Bell durumu kullanılarak doğrulanabilir. Bu durumda Δ niceliği için

$$\Delta = \frac{4}{\sqrt{2}} > 2 \quad (3.33$$

$$\frac{1}{\sqrt{2}}[2 - 4(a+d)^2 + 4(ad - bc)] > 2 \tag{3.34}$$

şeklinde yeniden yazılabilir. Bu,

$$\frac{(\sqrt{2}-1)}{2} < (ad - bc) - (a+d)^2 \tag{3.35}$$

eşitsizliğine eşdeğerdir. $ad - bc$ değeri sıfırdan farklıyken $|\Phi^-\rangle$ durumu kesinlikle dolanık olduğundan dolayı bu eşitsizlik, dolanık olmayan bir durumun Bell eşitsizliğini ihlal edemeyeceğini gösterir. Ayrıca (3.35) eşitsizliği dolanık olan bir durum için de bunun olabileceğini gösterir ve hala Bell eşitsizliğini ihlal etmez. Örneğin;

$$|\Omega\rangle = \frac{1}{2}(|00\rangle - |01\rangle + |10\rangle + |11\rangle) \quad (3.36)$$

şeklinde herhangi bir durumu ele alalım. $|\Omega\rangle$ dolanık bir durum olmasına rağmen $\Delta(\Omega)$ Bell eşitsizliğini sağlar. Bu hesaplamadan, tensör ayrıştırılamazlığı açısından dolanıklık ve Bell işlemcisinin verilen bir seçimi için Bell eşitsizliği ihlali açısından dolanıklığın eşdeğer kavramlar olmadıkları görülür. Diğer bir ifadeyle herhangi bir dolanık iki-kübit durum işlemcilerin uygun bir seçimi için Bell eşitsizliğini ihlal edecektir (Schumacher 1990).

3.4 Cirel'son Eşitsizliği

B.S. Cirel'son; kuantum teorisinin, birbirlerinden uzak olaylar arasındaki korelasyonlara bir üst sınır (Bell eşitsizliği tarafından verilmiş, klasikten daha yüksek olan bir limit) getirip getirmediği sorusunu araştırdı. İlk olarak CHSH eşitsizliğindeki korelasyon fonksiyonlarının mutlak değerinin, yerel gerçeklik tarafından öngörülmüş olan 2'nin yerine, herhangi bir kuantum mekaniksel hesaplama için $2\sqrt{2}$ olarak sınırlandırıldığını ispatlamıştır (Cirel'son 1980). Bu,

$$B_{CHSH} \equiv \mathrm{a} \otimes (\mathrm{b} + \mathrm{b}') + \mathrm{a}' \otimes (\mathrm{b} - \mathrm{b}') \quad (3.37)$$

Bell işlemcisinin özdeğerlerinin $2\sqrt{2}$ ile sınırlandırılmış olduğu anlamına gelir.

CHSH Bell eşitsizliği için Bell işlemcisinin beklenen değeri, $-2 \leq \langle B_{CHSH} \rangle \leq 2$ ile tanımlanır. Bell işlemcisinin karesi alınıp tekrar yazılırsa

$$B_{CHSH}^2 = 4\mathbb{I} - [\mathrm{a}, \mathrm{a}'][\mathrm{b}, \mathrm{b}'] \quad (3.38)$$

denklemi elde edilir. Yukarıdaki sıra değiştirme işlemlerinin köşegen olduğu bazlara gidilirse, elemanları $(c_1, c_2, \dots, c_{D(\mathrm{a})})$ ve $diag(c_1, c_2, \dots, c_{D(\mathrm{a})})$ olan

$$i[\mathrm{a}, \mathrm{a}'] = diag(c_1, c_2, \dots, c_{D(\mathrm{a})})$$

$$i[\mathrm{b},\mathrm{b}'] = diag\left(d_1, d_2, \ldots, d_{D(b)}\right) \qquad (3.39)$$

bağıntıları yazılabilir. Burada $D(\mathrm{a})$ ve $D(\mathrm{b})$, $\mathcal{H}_\mathrm{a}$ve $\mathcal{H}_\mathrm{b}$ Hilbert uzaylarının boyutlarıdır. (3.39) ifadelerinde i ile çarpılmış sıra değişme bağıntıları birer Hermitsel işlemci olurlar. Her Hermitsel işlemci de bir üniter benzerlik dönüşümüyle köşegenleştirilebildiğinden yukarıdaki bağıntılar yazılabilir.

Herhangi iki sınırlandırılmış M ve N işlemcisi için,

$$\|[M,N]\| \leq \|MN\| + \|NM\| \leq 2\|M\|\|N\| \qquad (3.40)$$

eşitsizliği yazılabilir. Bu eşitsizlikten yararlanarak (3.39) denklemindeki sıradeğiştirme işlemleri için bir sınır belirlenebilir. Buna göre; $\|[\mathrm{a},\mathrm{a}']\| \leq 2$ ve $\|[\mathrm{b},\mathrm{b}']\| \leq 2$ elde edilir. Buradan (3.38) denkleminin normu aşağıdaki gibi yazılabilir:

$$\|B_{CHSH}^2\| \leq 8 \qquad \Rightarrow \qquad \|B_{CHSH}^2\| \leq 2\sqrt{2}. \qquad (3.41)$$

Bu eşitsizlik Cirel'son eşitsizliğidir (Cirel'son 1980). Denklemin sağ tarafı, CHSH eşitsizliğinin sol tarafından elde edilebilen üst limitden büyüktür.

Bell işlemcisinin karesinin özdeğerleri,

$$\mu_{ij} = 4 + c_i d_j \; ; \qquad i = 1, \ldots, D(\mathrm{a}) \text{ ve } j = 1, \ldots, D(\mathrm{b}) \qquad (3.42)$$

ile verilir. Benzer şekilde, Bell işlemcisinin λ_{ij} özdeğerleri de yazılabilir:

$$\lambda_{ij} = \pm\sqrt{\mu_{ij}} = \pm\sqrt{4 + c_i d_j}\,. \qquad (3.43)$$

Cirel'son sınırı, $-4 \leq c_i d_j \leq 4$ şeklindedir (Braunstein 1992).

Şimdi, bazı μ özdeğerleri verilmiş olan B_{CHSH}^2'nin özvektörlerinin altuzayını ele alalım. Belirleyici olmak için, $\mathcal{H}_\mathrm{A}$ve $\mathcal{H}_\mathrm{B}$ 'den durumların dış çarpımı olarak bu özvektörleri seçelim. Burada B_{CHSH} köşegendir. Altuzay içindeki B_{CHSH}durumunun özdeğerleri ve özvektörleri B_{CHSH}^2 durumundan nasıl elde edilir? Genel olarak, B_{CHSH}'nin özvektörleri orijinal özvektörlerin çizgisel bileşimidir. Çarpım durumlarının aksine dolanıktırlar ve özdeğerleri $\lambda = \pm\sqrt{\mu}$ şeklindedir. Bu özdeğerler CHSH Bell eşitsizliğinin bir ihlaline karşılık geliyorsa ($|\lambda| > 2$), her iki işaretin de gözükeceği ve bunların $\lambda = +\sqrt{\mu}$ ve

$\lambda = -\sqrt{\mu}$ şeklinde olacağı gösterilebilir. Bunun aksine, bu verilmiş olan $\sqrt{\mu}(> 2)$ büyüklüğüne sahip B_{CHSH}'nin tüm özvektörleri boyunca sadece tek işaretin gözüktüğünü varsayalım. Bütün altuzay dejenere olduğundan B_{CHSH}^2'nin orijinal çarpım durum özvektörleri olarak bu özvektörler seçilebilir. Çarpım durumları bir ihlal üretemediği için bu imkansızdır. Korelasyon fonksiyonlarını $\langle \mathrm{ab} \rangle = \langle \mathrm{a} \rangle \langle \mathrm{b} \rangle$ şeklinde çarpanlarına ayırmaya izin verirler. Her iki işaret gözüktüğünde, B_{CHSH}'nin özdurumlarını çözmek için artık serbest değiliz. İlginç şekilde, özdeğerler için her iki işaretin görünüşü bir ihlale götüren bu özdurumlar içen de gereklidir (Braunstein 1992).

(3.38) denkleminden başka özellikler de çıkarılabilir. $[\mathrm{a}, \mathrm{a}']$ ya da $[\mathrm{b}, \mathrm{b}']$ sıra değiştirme işlemlerinden birisi sıfır ise özdeğerler ± 2 olacaktır. $\langle B_{CHSH} \rangle$ beklenen değeri, yerel olarak, ihlalin devam ettiği gerçekçi limitlerle sınırlandırılır. Her iki sıra değişme işlemi sıfır olursa bu "klasik" Bell işlemcisinin tüm özdurumları $C(a,b), C(a,b'), C(a',b)$ ve $C(a',b')$ ile verilen dört korelasyon fonksiyonunun her biri için mükemmel korelasyonlarla (ya da mükemmel antikorelasyonlarla) çarpım durumları olarak seçilebilirler. Örneğin; "klasik limit"te, yerel olarak, her parçacık için nesnel özellikler vardır. Son olarak, sıra değiştirmelerin hiçbiri sıfır olmuyorsa bu sıra değiştirmelerin izi sıfırdır $(\sum_i c_i = \sum_i d_i = 0)$. $c_i d_j > 2$ eşitsizliğinin bazıları seçilmelidir. Karşılık gelen özvektörler ihlalleri üretecektir. Böylece her iki sistem için sıra değişmeyen gözlenebilirleri esas alan CHSH Bell eşitsizliği için, her zaman bir ihlal veren (gerekli kadar maksimal olmasa da) bir durumu kurmak olasıdır.

Yorumlarımızı basitleştirmek için iki tane örnek vereceğiz. Hilbert uzaylarının boyutları çift ve eşit olan, $D(\mathrm{a}) = D(\mathrm{b}) = 2n$, durumları ele alalım. A_i, A_i', B_i ve $B_i'(i = 1, \dots, n)$ iki-değerli gözlenebilirler ve 2×2 Hermitsel matrisler cinsinden bazı bazlarda basit bir blok-köşegen forma sahip olsunlar:

$$\mathrm{a} = diag(A_1, A_2, \dots, A_n). \tag{3.44}$$

Benzer açılımlar diğer matrislere de uygulanabilir. Burada her blok matrisin karesi birim matrise eşittir ve (3.21) denklemini sağlarlar.

Örnek 1 (Braunstein 1992). İşlemcileri Pauli spin matrisleri cinsinden seçelim:

$$A_i = \sigma_x,\ \ A_i' = \sigma_y,\ \ B_i = \frac{1}{\sqrt{2}}(\sigma_x + \sigma_y),\ \ B_i' = \frac{1}{\sqrt{2}}(\sigma_x - \sigma_y). \quad (3.45)$$

Bu durumda Bell işlemcisi aşağıdaki gibi yazılır:

$$B_{CHSH} = \sqrt{2}\, diag(\sigma_x, \dots, \sigma_x)_a \otimes diag(\sigma_x, \dots, \sigma_x)_b$$

$$+\sqrt{2}\, diag(\sigma_y, \dots, \sigma_y)_a \otimes diag(\sigma_y, \dots, \sigma_y)_b,$$

$$B_{CHSH} = \sqrt{2}\, diag(\sigma_x \otimes \sigma_x + \sigma_y \otimes \sigma_y, \dots, \sigma_x \otimes \sigma_x + \sigma_y \otimes \sigma_y)_{a \otimes b}. \quad (3.46)$$

$\sqrt{2}(\sigma_x \otimes \sigma_x + \sigma_y \otimes \sigma_y)$ denkleminin özdeğerleri n^2 katlılığa sahip olduğundan dolayı Bell işlemcisi dejeneredir. Özel olarak, özdeğerler (3.46) denklemindeki işlemcilerin $4n^2$ katlılıklı özdurumlarının sırasıyla $1/4, 1/2$ ve $1/4$ katlılıklı olan $+2\sqrt{2}, 0$ ve $-2\sqrt{2}$ değerleridir. Özdurumlar da kolaylıkla numaralandırılabilir: $\mathcal{H}_{\mathrm{a}}$ve $\mathcal{H}_{\mathrm{b}}$ için seçilen bazlar vektörlerle gösterilirse, eğer blok-köşegene gözlenebilir tarafından etki edilirse, o zaman her vektör iki-boyutlu bir altuzayda kalacaktır:

$$|1, 1_1\rangle, |1, 0_1\rangle, |2, 1_2\rangle, |2, 0_2\rangle, \dots, |n, 1_n\rangle, |n, 0_n\rangle. \quad (3.47)$$

Burada $1,2, \dots, n$ alt indisleri parçacıkları ifade eder. Bu şekilde etiketlenmiş bazlar cinsinden B_{CHSH}'nin özvektörleri,

$$|\Phi_{ij}^{(\pm)}\rangle = \frac{1}{\sqrt{2}}(|i, 1\rangle_a \otimes |j, 1\rangle_b \pm |i, 0\rangle_a \otimes |j, 0\rangle_b)$$

$$|\psi_{ij}^{(\pm)}\rangle = \frac{1}{\sqrt{2}}(|i, 1\rangle_a \otimes |j, 0\rangle_b \pm |i, 0\rangle_a \otimes |j, 1\rangle_b) \quad (3.48)$$

şeklinde yazılır. $\Phi_{ij}^{(\pm)}\rangle$'nin özdeğerleri sıfırdır ve $|\psi_{ij}^{(\pm)}\rangle$ 'lerin özdeğerleri sırasıyla $\pm 2\sqrt{2}$ 'dir. Açıkça, $|\psi_{ij}^{(+)}\rangle$ durumlarının herhangi bir karışımı hala $+2\sqrt{2}$ 'lik maksimal bir ihlal verir. Benzer şekilde $|\psi_{ij}^{(-)}\rangle$ durumlarının karışımları da $-2\sqrt{2}$ 'lik maksimal bir ihlal verirler.

Örnek 2 (Braunstein 1992). Denklem (3.45)'da verildiği gibi işlemcilerin bazılarını tekrar Pauli spin matrislerinden ve geriye kalanların tümünü 2×2 şeklindeki birim matrisler seçelim.

$$A_1 = \sigma_x, \; A_1' = \sigma_y, \; B_1 = \frac{1}{\sqrt{2}}(\sigma_x + \sigma_y), \; B_1' = \frac{1}{\sqrt{2}}(\sigma_x - \sigma_y) \qquad (3.49)$$

Bu durumda Bell işlemcisi

$$B_{CHSH} = diag(\sigma_x, \mathbb{I}, \ldots, \mathbb{I})_a \otimes diag(\sqrt{2}\sigma_x, 2\mathbb{I}, \ldots, 2\mathbb{I})_b$$

$$+ diag(\sigma_y, \mathbb{I}, \ldots, \mathbb{I})_a \otimes diag(\sqrt{2}\sigma_y, 0, \ldots, 0)_b \qquad (3.50)$$

$$B_{CHSH} = diag\left[\sqrt{2}(\sigma_x \otimes \sigma_x + \sigma_y \otimes \sigma_y), \underbrace{2\sigma_x \otimes \mathbb{I}}_{n-1\,tane}, \underbrace{\sqrt{2}\mathbb{I} \otimes (\sigma_x + \sigma_y), \underbrace{2\mathbb{I} \otimes \mathbb{I}}_{n-1\,tane}}_{n-1\,tane}\right]_{a \otimes b}$$

şeklinde yazılabilir. İlk dört özdeğer $0, -2\sqrt{2}, +2\sqrt{2}$ ve 0, geriye kalanların hepsi sırasıyla $4n(n-1)$ ve $4(n-1)$ katlılıklı $+2$ ve -2'dir. Bu durumda maksimal ihlal verebilen hiçbir karışım yoktur.

3.5 Mermin Eşitsizliği

Son olarak, N ile üstel artan bir ihlal veren N tane spin $- 1/2$ parçacık için Mermin tarafından ele alınmış olan Bell eşitsizliğini göz önüne alalım (Mermin 1990):

$$|\psi\rangle = f(r_1, r_2, \ldots, r_n)(|111\ldots1\rangle - |000\ldots0\rangle). \qquad (3.51)$$

Burada u ve v, σ_z'nin özvektörleridir ve $f(r_1, r_2, \ldots, r_n)$ fonksiyonu N parçacığın oldukça ayrılmış olduğunu garantileyen forma sahip bir fonksiyondur. Bu fonksiyon uygun bir şekilde simetrik yapılabilir ve $\int |f|^2 dr_1 \ldots dr_n = 1/2$ şeklinde normalize edilir.

N gözlenebilirin her biri, özdeğerleri sırasıyla ± 1 olabilen m_x ya da m_y parçacığının σ_x ya da σ_y'den birisini ölçme seçeneğine sahiptir. Böylece yapılabilecek 2^N tane olası (ve karşılıklı birbirleriyle bağdaşmayan) deney vardır. Bu deneylerinin tümünün, gerçekten yapılmış olsun ya da olmasın, belirli sonuçları olduğunu ve her gözlemcinin sonuçlarının diğer gözlemciler tarafından yapılmış olan seçime bağlı olmadığını varsayalım. "Yerel gerçekliğe" ismini veren meşhur kriptodeterministik hipotez budur. Şimdi bu deneylerin olası sonuçlarının tüm çarpımlarını düşünelim:

$$\prod_{n=1}^{N} m_{nr} = \pm 1. \tag{3.52}$$

Burada m_{nr}, m_{nx} ya da m_{ny}'den birisi demektir (n indisi, n parçacığı ve gözlemcilerini etiketler). Şimdi (3.52) denkleminde gözüken her m_{ny} terimini i ile, i'nin uygun kuvvetleriyle de bu denklemin sağ tarafını çarpalım. Elde edilen sonuca, 2^N denklemi de ekleyelim:

$$\prod_{n=1}^{N}(m_{nx} + i m_{ny}) = \prod_{n=1}^{N}(\pm 1 \pm i). \tag{3.53}$$

$|\pm 1 \pm i| = \sqrt{2}$ olduğundan, $|\prod(m_{nx} + i m_{ny})| = 2^{N/2}$ elde edilir ve böylece

$$\left| Re \prod_{n=1}^{N}(m_{nx} + i m_{ny}) \right| \leq 2^{N/2} \tag{3.54}$$

eşitsizliği yazılabilir. Şimdi bu klasik üst sınırları kuantum mekaniksel öngörülerle karşılaştıralım. Mermin işlemcisini tanımlayalım:

$$B_M = \frac{1}{2}\left[\prod_{n=1}^{N}(\sigma_{nx} + i\sigma_{ny}) + \prod_{n=1}^{N}(\sigma_{nx} - i\sigma_{ny})\right]$$

$$= 2^{N-1}\left(\prod_{n=1}^{N} s_{n+} + \prod_{n=1}^{N} s_{n-}\right). \tag{3.55}$$

Burada s_{n+} ve s_{n-}, n. parçacık için alçaltıcı ve yükseltici işlemcilerdir.

$$(\sigma_x + i\sigma_y)|1\rangle = 2|0\rangle \quad , \quad (\sigma_x + i\sigma_y)|0\rangle = 0$$

$$(\sigma_x - i\sigma_y)|1\rangle = 0 \quad , \quad (\sigma_x - i\sigma_y)|0\rangle = 2|1\rangle \tag{3.56}$$

bağıntıları kullanılarak (3.37) denkleminin aşağıdaki eşitliği sağladığı doğrulanabilir:

$$B_M|\psi\rangle = -2^{N-1}|\psi\rangle. \tag{3.57}$$

Diğer bir ifadeyle, (3.56) denklemindeki tüm çarpımlar açılırsa, herbirisi farklı parçacıklara(çift sayıda σ_y içeren) ait olan σ_x ya da σ_y'nin bir çarpımı olan 2^{N-1}

işlemcinin bir toplamı elde edilir. Bu 2^{N-1} terimin herbirisi ± 1 özdeğerlidir ve tüm bu 2^{N-1} işlemci sıradeğiştirirler. Diğer taraftan toplamları, (3.52) denkleminde bulunan kadar büyük bir özdeğere sahip olmayabilir.

Bu 2^{N-1} işlemcinin herhangi biri N ayrı gözlemcinin-her gözlemci sadece tek bir parçacığı ölçmek şartıyla-bir uyumuyla ölçülebilir. Tüm bu ölçümlerin sonuçları (3.52) denklemindeki gibi yazılabilir. Böylece, (3.52) denklemiyle verilmiş olan klasik beklenti,

$$|\langle B_M \rangle| \leq 2^{N/2} \tag{3.58}$$

şeklinde ifade edilir (Mermin 1990). Bu, $N \geq 3$ için, (3.55) denklemiyle verilen kuantum öngörülerle belirgin bir çelişki içindedir. Çelişkinin N ile üstel olarak arttığına dikkat edelim. N çok büyük değerler aldığında (10^{10} ya da 10^{25} gibi), (3.42) denklemindeki ψ vektörü, makroskobik olarak iki ayırt edilebilir durumun koherent bir üst üste gelmişidir. Örneğin, $|uuu\ldots\rangle$ tüm spinleri yukarı olan bir ferromagneti ve $|vvv\ldots\rangle$ de aynı şekilde tüm spinleri aşağı olan bir ferromagneti gösterir. “Schrödinger kedi durumları” olarak bilinen bu özel, olağandışı üst üste gelimler ölçüm sürecinde önemli rol oynarlar.

4. İKİ-PARÇALI SİSTEMLERDE DOLANIKLIK

4.1 Tanım ve Temel Özellikler

Kuantum dolanıklık teorisindeki temel soru; hangi durumların dolanık olup olmadığıdır. Sadece birkaç durumda bu sorunun basit bir cevabı vardır. Bunlardan en basiti iki-parçalı sistemlerin saf durumlarının dolanıklığıdır. Çok-parçalı dolanık durumların tanımına göre, herhangi bir iki-parçalı sisteme ait

$$|\Psi_{AB}\rangle \in \mathcal{H}_{AB} = \mathcal{H}_A \otimes \mathcal{H}_B \tag{4.1}$$

saf durum vektörü, ancak ve ancak altsistemlerin $\mathcal{H}_A$ ve $\mathcal{H}_B$ Hilbert uzaylarındaki iki vektörün tensör çarpımı olarak

$$|\Psi_{AB}\rangle = |\Phi_A\rangle \otimes |\psi_B\rangle\,; \quad |\Phi_A\rangle \in \mathcal{H}_A\,, |\psi_B\rangle \in \mathcal{H}_B \quad \forall\, |\Phi_A\rangle, |\psi_B\rangle \tag{4.2}$$

şeklinde yazılabiliyorsa ayrılabilir, yazılamıyorsa dolanık bir durum vektörüdür. Burada ilk çarpan birinci sisteme ve ikincisi de ikinci sisteme ait birer durum vektörüdür.

Genel olarak, boylandırılmış bir $|\Psi_{AB}\rangle$ vektörü $\{|a_i\rangle \otimes |b_j\rangle\}$ gibi herhangi bir ortonormal çarpım (tensör) bazında yazılabilir:

$$|\Psi_{AB}\rangle = \sum_{i=0}^{d_A-1} \sum_{j=0}^{d_B-1} c_{ij}\, |a_i\rangle \otimes |b_j\rangle, \tag{4.3}$$

$$\sum_{i=0}^{d_A-1} \sum_{j=0}^{d_B-1} |c_{ij}|^2 = 1. \tag{4.4}$$

Burada ikinci eşitlik boylandırma koşulu olup $\{|a_i\rangle\}$ ve $\{b_j\rangle\}$ ortonormal bazları sırasıyla d_A boyutlu $\mathcal{H}_A$ ve d_B boyutlu $\mathcal{H}_B$ altuzaylarını gererler. $|\Psi_{AB}\rangle$ rankı iki olan bir tensör olup kompleks c_{ij} katsayıları da bunun (kullanılan bazlardaki) tensörel bileşenleridirler. Buna karşılık $|\Psi_{AB}\rangle$'ye bileşik sistemin Hilbert uzayındaki bir durum vektörü ve c_{ij} katsayılarına da açılım katsayıları yani olasılık genlikleri olarak bakmak daha öğreticidir. Bu durumda $|c_{ij}|^2$, bileşik sistem $|\Psi_{AB}\rangle$ durumundayken birinci altbileşeni $|a_i\rangle$ ve ikincisini $|b_j\rangle$ durumunda bulma olasılığıdır.

Rankı iki olan her tensör bir matrisle temsil edilebilir. (4.3)'deki tensörün de temel özellikleri ona karşılık getirilen ve elemanları c_{ij} katsayıları olan C matrisinin özellikleriyle ifade edilir. $d_A \times d_B$'li dikdörtgen C matrisinin matris rankı[2] 1 ise bu bir çarpım durumudur. Genel olarak, bu matrisin $r(\psi)$ ile gösterilen rankı d_A ve d_B'nin küçük olanından daha büyük olamaz:

$$r(\psi) \leq k \equiv min[d_A, d_B]. \tag{4.5}$$

$r(\psi)$, $|\Psi_{\mathrm{AB}}\rangle$ vektörünün Schmidt rankı olarak da bilinir ve

$$\begin{aligned}
\rho_A &= Tr_B(|\Psi_{\mathrm{AB}}\rangle\langle\Psi_{\mathrm{AB}}|) \\
&= \sum_{i,j,k,l} c_{ij}c_{kl}^* \, |a_i\rangle\langle a_k| Tr_B\big(|b_j\rangle\langle b_l|\big), \\
&= \sum_{i,k,l} c_{il}c_{kl}^* \, |a_i\rangle\langle a_k|, \\
&= \sum_{i,k} (CC^\dagger)_{ik} \, |a_i\rangle\langle a_k|, \\
\rho_B &= Tr_A(|\Psi_{\mathrm{AB}}\rangle\langle\Psi_{\mathrm{AB}}|) \\
&= \sum_{j,l} (C^\dagger C)_{lj} \, |b_j\rangle\langle b_l|,
\end{aligned} \tag{4.6}$$

ile verilen indirgenmiş yoğunluk matrislerinin ranklarına eşittir. Burada indirgenmiş yoğunluk matrisleri sırasıyla $CC^\dagger$ ve $C^\dagger C$ kare matrislerine karşılık gelirler.

Schmidt ayrışımı (4.1) şeklinde verilen bir durum vektörünün her zaman

$$|\Psi_{\mathrm{AB}}\rangle = \sum_{n=0}^{r(\psi)} c_n |\Phi_n\rangle \otimes |\psi_n\rangle \tag{4.7}$$

olacak şekilde $\{|\lambda_n\rangle \otimes |\Phi_n\rangle\}$ iki-ortonormal bazının olduğunu vurgular.

[2] Bir tensörün rankıyla bir matrisin rankı birbirleriyle karıştırılmamalıdır. Bir tensörün rankı onun kaç parçalı bir sisteme ait olduğunu belirtirken bir matrisin rankı determinantı sıfırdan farklı olan en büyük kare altmatrisin derecesidir.

Burada $c_n = \{\sqrt{p_n}\}$ pozitif sayıları, c_{ij}'nin sıfırdan farklı tekil özdeğerlerine karşılık gelir ve p_n değerleri indirgenmiş yoğunluk matrislerinden birisinin spektrumunun sıfırdan farklı elemanlarıdır. Schmidt ayrışımı ayrıntılı olarak Ek 1'de verilmiştir.

Kuantum dolanıklık genel olarak, hem nitel hem de nicel olarak $U_A \otimes U_B$ üniter çarpım işlemleri altında değişmez bir özellik olarak ele alınır. Saf bir $|\Psi_{AB}\rangle$ vektör durumunda ve karşılık gelen $|\Psi_{AB}\rangle\langle\Psi_{AB}|$ saf durum izdüşüm işlemcilerinde, $\{c_n\}$ katsayıları böyle üniter işlemler altında değişmez olan parametreler olduğundan iki-parçalı saf durumların dolanıklığını tamamen belirlerler.

Saf durum izdüşüm işlemcileri, ancak ve ancak $|\Psi_{AB}\rangle$ vektörü bir çarpım durumuysa ayrılabilirdir. Eşdeğer olarak ρ_A ve ρ_B indirgenmiş yoğunluk matrislerinden birisinin rankı 1'e eşit ya da sıfırdan farklı tek bir Schmidt katsayısı vardır tanımı da yapılabilir. Böylece iki-parçalı saf durumlar için, başlangıç olarak, durumun indirgenmiş yoğunluk matrisinin köşegenleştirilmesiyle ayrılabilir olup olmadığına karar verilir.

Şu ana kadar, saf durumların dolanıklığını ele alındı. Eş-fazlılığın bozulması (*decoherence*) olayından dolayı, laboratuarda saf durumlardan ziyade saf-olmayan durumlar kullanılır. Ama saf-olmayan bir durum hala biraz dolanıklık içerebilir. n-parçalı bir durum için genel tanıma göre, $\mathcal{H}_{AB} = \mathcal{H}_A \otimes \mathcal{H}_B$ Hilbert uzayında tanımlanmış herhangi bir ρ_{AB} durumu ancak ve ancak altsistemlerin durum vektörlerinin konveks bir bileşimi olarak yazılabiliyorsa ayrılabilirdir (Werner 1989):

$$\rho_{AB} = \sum_{i=1}^{k} p_i \rho_A^i \otimes \rho_B^i \ ; \quad \sum_{i=1}^{k} p_i = 1 \ , \quad p_i \in [0,1]. \tag{4.8}$$

Burada ρ_A^i ve ρ_B^i, altsistemlerin yoğunluk işlemcileri olup sırasıyla $\mathcal{H}_A$ ve $\mathcal{H}_B$ yerel Hilbert uzaylarında tanımlıdırlar. Sonlu boyutlu sistemlerde, yani $dim\mathcal{H}_{AB} < \infty$ iken ρ_A^i ve ρ_B^i durumları saf olarak seçilebilirler. Konveks bileşimlerindeki k sayısı evrensel Hilbert uzayının boyutunun karesiyle sınırlandırılabilir: $k \le d_{AB}^2 = (d_A d_B)^2$. Burada $d_{AB} = dim\mathcal{H}_{AB}$ Hilbert uzayının boyutunu gösterir. İki kübitler için, ayrılabilir ayrışımda gerek duyulan durumların sayısı (kardinalite) her zaman Hilbert uzayının kendisinin boyutuna karşılık gelen 4'tür. Ama $d \ge 3$ için $d \otimes d$ boyutlu durumlar $d^4/2$ mertebeden kardinaliteye sahiptirler. Aksi bildirilmedikçe sonraki analizler sonlu boyutlu durumlara kısıtlanacaktır. Bu şekilde tanımlanmış tüm S_{AB} ayrılabilir durumlar kümesi konveks, kompakt ve $U_A \otimes U_B$ üniter çarpım işlemler altında değişmezdir. Ayrıca ayrılabilirlik özelliği stokastik ayrılabilir dönüşümler altında korunur. Herhangi bir ρ_{AB} durumu verilmişse, ayrılabilir olup olmadığını doğrulamak zordur. Özellikle, bir yoğunluk işlemcisinin ayrılabilir ayrışımı onun spektral ayrışımından tamamen farklıdır. Genel olarak saf-olmayan ayrılabilir durumlar kümesinin karakterizasyon problemi ilerde göstereceğimiz gibi oldukça karmaşık bir problemdir. Ama işlevsel kriterler kümeyi kısmen betimleyen kriterlerdir.

4.2 İki Parçalı Sistemlerde Ayrılabilirlik Kriterleri

4.2.1 Peres kriteri: pozitif parçalı transpoz (PPT) kriteri

İki altsistemden oluşan bir sistem, altsistemlerin yoğunluk matrislerinin konveks bir bileşimi olarak yazılabiliyorsa ayrılabilirdir. Her biri iki girilebilir duruma sahip olan yoğunluk işlemcileri için Peres kriterine göre ayrılabilirlik için gerek ve yeter koşul şudur: ρ yoğunluk işlemcisinin kısmi transpozisyonuyla elde edilmiş olan işlemci negatif-olmayan özdeğerlere sahipse durum ayrılabilir bir durumdur. Elde edilen durumun en az bir negatif özdeğeri varsa bu, dolanık bir durumdur. Bu kriter kuantum ayrılabilirliği belirlemek için Bell eşitsizliğinden daha duyarlı bir kriterdir (Peres 1996).

Kuantum dolanıklık için dikkat çekici bir kuantum olgu da bileşik kuantum sistemlerin ayrılamazlığıdır. Bunun en iyi bilinen örneği Bell eşitsizliklerinin ihlalini test etmektir. Öyle ki, bileşik bir kuantum sistemin altsistemlerini birbirinden bağımsız olarak ölçen iki uzak gözlemci, sonuçlarını ortak bir bölgeye bildirirse Bell eşitsizlikleri belirlenebilir. Ama Bell eşitsizliği verilen bir bileşik kuantum sistemi ile ölçüm yapılsa bile durumun ortak bir kaynaktan "komutlar" alan iki uzak gözlemci tarafından hazırlanabileceğinin hiçbir garantisi yoktur. Bunun olabilmesi için, daha önce de ifade edildiği gibi ρ yoğunluk işlemcisi doğrudan konveks bir birleşim olarak yazılabilmelidir:

$$\rho_{AB} = \sum_{i=1}^{d} p_i \rho_A^i \otimes \rho_B^i , \qquad \sum_{i=1}^{d} p_i = 1, \;\; p_i \in [0,1]. \tag{4.9}$$

Ayrılabilir bir sistem her zaman Bell eşitsizliğini sağlar fakat bunun tersi kesinlikle doğru değildir. Bu ayrılabilirlik şartının türetilmesi aşamasında, yoğunluk matrisinin tüm elemanlarının indislerini açıkça yazarak yapmak daha kolay olacaktır. Örneğin (4.9) denklemi, Peres'in orijinal yaklaşımına dayanarak

$$\rho_{m\mu,n\nu} = \sum_i p_i (\rho_A^i)_{mn} \otimes (\rho_B^i)_{\mu\nu} \tag{4.10}$$

şeklinde yazılabilir (Peres 1996). Latin indisler ilk altsistemi, Grek indisler ise ikinci altsistemi gösterir. Altsistemler farklı boyutlarda olabilirler. Şimdi yeni bir matris tanımlayalım:

$$\sigma_{m\mu,n\nu} \equiv \rho_{n\mu,m\nu}. \tag{4.11}$$

ρ yoğunluk matrisinin Latin indisleri yer değiştirmiş fakat Grek indisleri değişmemiştir. Birinci altsistem üzerinden parçalı transpoz almaya karşılık gelen bu dönüşüm üniter bir dönüşüm değildir: Fakat yine de σ matrisi Hermitseldir. (4.9) denklemi doğruysa, yani sistem ayrılabilir bir durumdaysa

$$\sigma = \sum_i p_i (\rho_A^i)^T \otimes \rho_B^i \tag{4.12}$$

yoğunluk matrisi elde edilir. Transpoz alınmış $(\rho_A^i)^T \equiv (\rho_A^i)^*$ matrisleri birim izli negatif-olmayan matrisler olduğundan bunlar da uygun yoğunluk matrisleridirler. σ yoğunluk matrisinin özdeğerlerinin hiçbirisi negatif değildir. Bu, (4.9) denkleminin sağlanması için gerek koşuldur. σ yoğunluk matrisinin özdeğerleri, iki gözlemci tarafından kullanılmış olan bazlara sahip U_A ve U_B gibi ayrı üniter dönüşümler altında değişmezdir. Böyle bir durumda, ρ yoğunluk matrisi

$$\rho \longrightarrow (U_A \otimes U_B)\rho(U_A \otimes U_B)^\dagger \tag{4.13}$$

ile ifade edilir ve benzer şekilde σ yoğunluk matrisi

$$\sigma \longrightarrow (U_A^T \otimes U_B)\sigma(U_A^T \otimes U_B)^\dagger \tag{4.14}$$

şeklinde yazılabilir. Bu dönüşümler, σ yoğunluk matrisinin özdeğerlerini değişmez bırakan üniter dönüşümlerdir.

Yukarıdaki inceleme:

$$\rho \text{ ayrılabilirdir } \Rightarrow \rho^{T_B} \text{ bir yoğunluk işlemcisidir.} \tag{4.15}$$

önermesiyle özetlenebilir. Burada ρ^{T_B} ikinci altsistem üzerinden parçalı transpoz alma işlemini gösterir. İki-parçalı sistemler için ρ^{T_A} da eşdeğer anlamda kullanılabilir. (4.15) önermesinin mantıksal değillemesi

$$\rho^{T_B} \text{ bir yoğunluk işlemcisi değildir } \Rightarrow \rho \text{ dolanıktır.} \tag{4.16}$$

şeklindedir. İki-parçalı sistemlerin dolanıklığı için ρ^{T_B}'nin en az bir özdeğerinin negatif olmasını yeterli gören bu önerme Peres kriteri olarak bilinir (Peres 1996). Buna göre verilen bir yoğunluk işlemcisinin altsistemlerden birine göre parçalı transpozuyla elde edilen işlemcinin özdeğerlerinden en az birinin negatif olması (böyle bir durumda ρ^{T_B} artık bir yoğunluk işlemcisi değildir) onun dolanıklığı için yeterli bir kriterdir.

Örnek olarak, saf singlet durumunu bir x kesriyle ve en dolanık durumu $(1-x)$ kesriyle içeren iki spin $-\ 1/2$ parçacığın saf-olmayan

$$\rho_{m\mu,n\nu} = xS_{m\mu,n\nu} + \frac{(1-x)}{4}\delta_{mn}\delta_{\mu\nu} \tag{4.17}$$

durumunu göz önüne alalım. Bu ifade

$$\rho = x|\Psi^-\rangle\langle\Psi^-| + \frac{(1-x)}{4}\mathbb{I} \tag{4.18}$$

yoğunluk işlemcisinin matris elemanlarıdır. İkinci terim en dolanık $\mathbb{I}/4$ yoğunluk işlemcisinin matris elemanları olup, üç triplet bileşenle eşit oranlarda karışmış bir singleti içerir (Bakınız: Kesim 2.1). Burada saf bir singlet için sıfırdan farklı matris elemanları

$$S_{01,01} = S_{10,10} = -S_{01,10} = -S_{10,01} = \frac{1}{2} \tag{4.19}$$

ile verilir: 0 ve 1 indisleri, "spin-yukarı" ve "spin-aşağı" gibi herhangi iki dik durumu gösterir. σ yoğunluk matrisinin üç özdeğeri $(1+x)/4$ ve dördüncü özdeğer de $(1-3x)/4$ bulunur. Dördüncü özdeğer en küçük özdeğerdir ve $x < 1/3$ için pozitiftir. Böylece ayrılabilirlik kriteri tamamlanır. Bu sonuç diğer ayrılabilirlik kriterleriyle karşılaştırılabilir: Bell eşitsizliği $x < 1/\sqrt{2}$ için pozitiftir. Bu kriter ayrılabilirliği belirlemek için burada türetilen Peres kriterinden daha zayıf bir kriterdir.

Bu özel durumda, gerek koşul aynı zamanda da yeter bir koşuldur. $x < 1/3$ ise ρ dolanık-olmayan çarpım durumlarının bir karışımı olarak yazılabilir (Bennett 1996b). Bu sonuç, yukarıda türetilen koşulun (σ'nın hiçbir negatif özdeğeri yoktur) herhangi bir ρ için yeter koşul olabileceğini de belirtir.

İkinci bir örnek olarak, saf-olmayan özel bir durumu ele alalım (Gisin 1996). Bu durum, $a|01\rangle + \mathrm{b}|10\rangle$ $(|a|^2 + |b|^2 = 1)$ saf durumunun bir x kesri ile $|00\rangle$ ve $|11\rangle$ saf durumlarının $(1-x)/2$ kesrini içerir. Böylece ρ yoğunluk matrisinin sıfırdan farklı elemanları,

$$\rho_{00,00} = \rho_{11,11} = (1-x)/2$$

$$\rho_{01,01} = x|a|^2$$

$$\rho_{10,10} = x|b|^2$$

$$\rho_{01,10} = \rho^*_{10,01} = xab^* \tag{4.20}$$

ile verilir. σ matrisinin negatif bir determinantı vardır ve bu nedenle,

$$x > (1 + 2|ab|)^{-1} \tag{4.21}$$

olduğunda negatif bir özdeğerinin olduğu kolaylıkla görülür. Bu,

$$x > \left[1 + 2|ab|\left(\sqrt{2} - 1\right)\right]^{-1} \tag{4.22}$$

sınırını gerektiren Bell eşitsizliğinin bir ihlali için olan sınırdan daha düşük bir sınırdır. Üçüncü ve daha ilginç bir örnek olarak en dolanık bir çift ile bir singletin karışımı ele alınabilir:

$$\rho_{m\mu,n\nu} = xS_{m\mu,n\nu} + (1-x)\delta_{m0}\delta_{n0}\delta_{\mu 0}\delta_{\nu 0}. \tag{4.23}$$

Herhangi bir küçük pozitif x değeri için, bu durum ayrılamaz bir durumdur. Çünkü σ matrisinin $(-x/2)$ gibi negatif bir özdeğeri vardır.

Ayrılabilirlik için bir test olarak Bell eşitsizliğinin zayıflığı, ρ matrisinden oluşan tek bir bileşik sistemin altsistemleri üzerinde yapılabilen testlerin çeşitli çıkış olasılıklarını hesaplamak için kullanılmasına dayandırılabilir. Diğer bir ifadeyle, bu eşitsizliğin deneysel bir doğrulaması, aynı yolla hazırlanmış birçok bileşik sistemin kullanımını gerektirir. Ama birçok böyle sistem gerçekten kullanılabilir ise birer birer test etmekten ziyade ikişer ikişer, üçer üçer şeklinde toplu olarak da test edilebilirler. Böyle yapılırsa, tek bir sistemin yoğunluk matrisi olan ρ matrisinin yerine daha yüksek boyutlu bir uzayda $\rho\otimes\rho$, $\rho\otimes\rho\otimes\rho$ gibi yeni bir matris kullanılabilir. Bell eşitsizliğini sağlayan birkaç ρ yoğunluk matrisi vardır fakat $\rho\otimes\rho$, $\rho\otimes\rho\otimes\rho$ gibi yoğunluk matrisleri bu eşitsizliği ihlal ederler.

Bu sonuç yeni bir soru ortaya çıkarır: $\rho\otimes\rho$ ya da daha yüksek tensör çarpımını dikkate alarak daha güçlü bir ayrılabilirlik kriteri bulunabilir mi? Eğer ρ matrisi (4.9) denklemindeki gibi ayrılabilir ise $\rho\otimes\rho$ matrisi de ayrılabilirdir. Ayrıca, $\rho\otimes\rho$ matrisine karşılık gelen kısmi transpoz matris basit olarak $\sigma\otimes\sigma$ matrisidir. Öyle ki, σ matrisinin hiçbir özdeğeri negatif değilse $\sigma\otimes\sigma$ matrisinin de hiçbir özdeğeri negatif değildir. Peres kriteri, $2\otimes2$ ve $2\otimes3$ şeklindeki durumlar için sadece gerek koşul değil aynı zamanda yeter bir koşuldur (Horodecki 1996). Bu durumlarda ayrılabilirliğin tam bir karakterizasyonunu verir.

4.2.2 Pozitif gönderimler aracılığıyla ayrılabilirlik

Peres koşulu, çizgisel pozitif gönderimler açısından ayrılabilir durumlar probleminin genel bir analizini başlatmıştır (Horodecki 1996). Bu koşul, $[id_A\otimes\mathbb{T}_B](\rho_{AB})$ işlemcisinin pozitifliğini göstermeye eşdeğerdir[3]. Burada $\mathbb{T}_B$ ikinci sistem üzerine etkiyen transpozisyon gönderimidir. Transpozisyon gönderimi pozitif bir gönderimdir ($\mathcal{H}_B$'deki herhangi bir pozitif işlemciyi diğer bir pozitif işlemciye götürür) fakat tamamen pozitif değildir[4]. $id_A\otimes\mathbb{T}_B$ gönderiminin pozitif bir gönderim olmaması Peres kriterinin başarısının temel nedenidir.

$\mathcal{H}_{A'}$ gibi yeni bir Hilbert uzayına ait bir değer kümesi olan

---

[3] Bu işlemci, sadece Hermitsel ve negatif olmayan bir spektruma sahipse pozitiftir.

[4] Bir ξ gönderimi ancak ve ancak $id\otimes\xi$ gönderimi herhangi bir sonlu boyutlu sistemde, id birim gönderimi için pozitifse tamamen pozitiftir.

$$\Lambda: B(\mathcal{H}_B) \rightarrow B(\mathcal{H}_{A'}) \tag{4.24}$$

gibi herhangi bir pozitif fakat tamamen pozitif olmayan (PnCP) bir gönderim, aşikar olmayan bir ayrılabilirlik kriteri oluşturur:

$$[id_A \otimes \Lambda_B](\rho_{AB}) \geq 0. \tag{4.25}$$

Bu kriter,

$$[id_A \otimes \Lambda_B](\rho_{AB}) = \begin{bmatrix} \Lambda(\rho_{00}) & \cdots & \Lambda(\rho_{0d_A-1}) \\ \vdots & \ddots & \vdots \\ \Lambda(\rho_{d_A-10}) & \cdots & \Lambda(\rho_{d_A-1d_A-1}) \end{bmatrix} \tag{4.26}$$

matrisinin spektrumlarının negatif-olmamasına karşılık gelir. Burada

$$\rho_{ij} = \langle i| \otimes \mathbb{I} |\rho_{AB}| j\rangle \otimes \mathbb{I} \tag{4.27}$$

eşitliğiyle verilir. Yukarıdaki tanımlar kullanılarak ayrılabilirlik için gerek ve yeter koşul bulunabilir: ρ_{AB} durumu ancak ve ancak (4.25) koşulu $\Lambda: B(\mathcal{H}_B) \rightarrow B(\mathcal{H}_A)$ şeklindeki tüm PnCP gönderimi için sağlanıyorsa ayrılabilirdir. Burada $\mathcal{H}_A$ ve $\mathcal{H}_B$, AB sisteminin altsistemlerinin Hilbert uzaylarını gösterir.

Gönderimler kümesi, birim özelliğini koruyan tüm PnCP gönderimlere kısıtlanabilir. İz alma işlemini koruyan kümeler de gönderimleri kısıtlayabilir fakat değer kümesini genişletmelidirler. Gönderimler bakımından herhangi bir karakterizasyon verildiğinde dolanıklığın ve ayrılabilirliğin daha pratik bir karakterizasyonunu aramak gerekir. Buradaki problem şudur: PnCP gönderimler kümesi genellikle karakterize edilemez ve çözümü zor bir problem oluşturur. Ama çok düşük-boyutlu sistemler için kullanışlı bir çözüm vardır: $d_A \otimes d_B \leq 6$ olacak şekilde $d_A \otimes d_B$ boyutlu durumlar (iki-kübit ya da kübit-kütrit sistemler) ancak ve ancak pozitif parçalı transpozu varsa yani Peres kriterini sağlıyorlarsa ayrılabilirdir (Horodecki 1996). Sadece iki-kübit durumlarda fiziksel tespit için daha basit bir şart vardır: İki-kübitli bir ρ_{AB} durumunun ayrılabilir olması için gerek ve yeter koşul,

$$det(\rho_{AB}^{\mathrm{T}_B}) = det(\rho_{AB}^{\Gamma}) \geq 0 \tag{4.28}$$

eşitsizliğinin sağlanmasıdır. Burada $\mathbb{T}_B = \Gamma$ ikinci altsistem üzerinden alınan kısmi transpoz işlemini gösterir. Bu koşul en basit iki-kübit ayrılabilirlik koşuludur. Daha önceden bilinen iki etkinin doğrudan bir sonucudur: Herhangi bir dolanık iki-kübit durumun kısmi transpozu tam ranka sahiptir ve sadece bir tane negatif özdeğeri vardır. (4.28) denkleminin bazı genellemeleri diğer gönderimler ve boyutlar için de olasıdır. Düşük boyutlarda ayrılabilirlik için Peres şartının yeterliliği, $\Lambda: B(\mathbb{C}^d) \to B\left(\mathbb{C}^{d'}\right)$ şeklindeki tüm pozitif gönderimlerin ayrıştırılabilir olmasından kaynaklanır. Burada $d_A = 2,\ d_B = 2$ veya $d_A = 2,\ d_B = 3$ şeklinde olabilir. Bu durumda ayrılabilir bir gönderim tamamen pozitif ve transpozisyon gönderimi cinsinden aşağıdaki gibi yazılabilir:

$$\Lambda^{ayrılabilir} = \Lambda_{TP}^{(1)} + \Lambda_{TP}^{(2)} \circ \mathbb{T}. \tag{4.29}$$

Burada $\Lambda_{TP}^{(1)}$ ve $\Lambda_{TP}^{(2)}$, tamamen pozitif olan bazı gönderimleri ve $\mathbb{T}$ de transpoz gönderimini gösterir. Tüm ayrıştırılabilir gönderimler içerisinde transpoz gönderimi en güçlü gönderimdir. Transpoz gönderimiyle belirlenemeyen dolanıklığı ortaya çıkaran hiçbir ayrıştırılabilir gönderim yoktur.

4.2.3 Dolanıklık tanıkları aracılığıyla ayrılabilirlik

Yüksek boyutlarda bir ρ yoğunluk işlemcisinin ayrılabilir olup olmadığı sorusu, altsistemlerin bir tensör çarpımı cinsinden yoğunluk işlemcisini yeniden kurmak zor olduğundan dolayı cevaplanması zordur. Fakat böyle bir ayrılabilir durumlar kümesi konveks ve kapalı olduğundan Hahn-Banach ayrılma teoremini uygulamak mümkündür. Bu teorem, dolanıklığı algılamada işlevsel bir araç ve yeni bir yaklaşım verir. Bu yeni araç dolanıklık tanığı olarak adlandırılır.

X sonlu boyutlu bir Banach uzayı ve $\mathbb{S}$ bu uzaydaki konveks kompakt bir küme olsun. $x_0 \notin S$ olacak şekilde X uzayında bir nokta olsun. x_0 noktasını S kümesinden ayıran bir hiperdüzlem vardır (Bengtsson 2006).

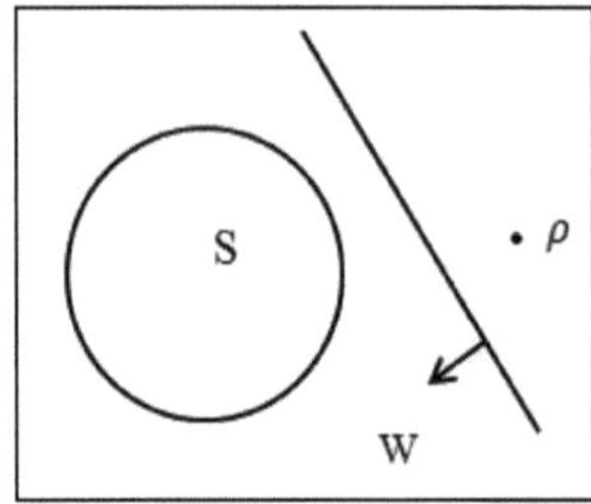

Şekil 4.1 Hahn-Banach Teoremi

$\mathbb{S}$ kümesi; konveks, kompakt ve kapalı olan ayrılabilir durumlar kümesine karşılık gelen küme olsun. Hahn-Banach teoremine göre bu kümeyi dolanık durumlardan ayıran bir hiperdüzlem olmalıdır. Bu ayırıcı hiperdüzlemin normaline dolanıklık tanığı denir ve Hermitsel bir işlemcidir (Terhal 2000).

$\mathcal{H} = \mathbb{C}^{d_1} \otimes \mathbb{C}^{d_2}$'de etki eden Hermitsel bir W işlemcisi aşağıdaki koşulları sağlıyorsa bir dolanıklık tanığıdır:

(i) Tüm ayrılabilir çarpım durumlarındaki beklenen değeri pozitif olmalıdır:

$$\langle \psi \otimes \Phi | W | \psi \otimes \Phi \rangle \geq 0 \ , \quad \forall |\psi\rangle \in \mathbb{C}^{d_1}, \qquad \forall |\Phi\rangle \in \mathbb{C}^{d_2}. \tag{4.30}$$

Buna eşdeğer olarak

$$Tr(\rho W) \geq 0 \ , \quad \rho = |\psi\rangle \otimes |\Phi\rangle \in \text{Sep} \tag{4.31}$$

tanımı da yapılabilir.

(ii) Bir dolanıklık tanığı en az bir negatif özdeğere sahip olmalıdır:

$$Tr(\rho W) < 0 \quad , \qquad \exists \rho \in Dol \tag{4.32}$$

(iii) Dolanıklık tanıkları Hermitsel işlemciler olmalıdırlar:

$$W^\dagger = W. \tag{4.33}$$

ρ durumunun dolanıklığının W tanığıyla algılanabilmesi için gerek ve yeter koşul $Tr(W\rho) < 0$ eşitsizliğinin sağlanmasıdır (Şekil 4.2).

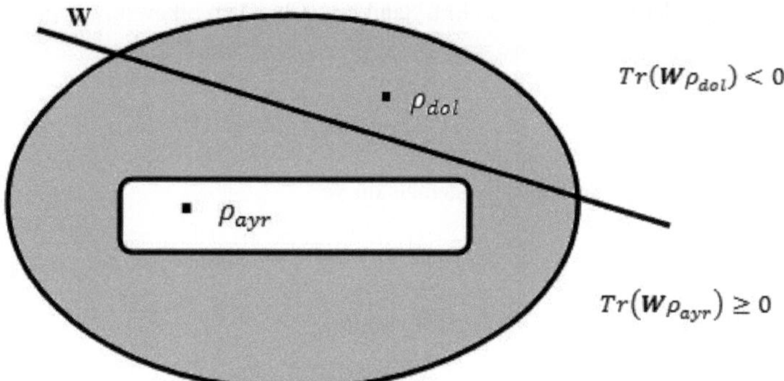

Şekil 4.2 Dolanıklığın bir tanıkla belirlenmesi

Şekilde çizgi W dolanıklık tanığına karşılık gelen bir hiper düzlemi gösterir. Tüm durumlar hiper düzlemin soluna yerleşmiştir ya da üzerindedir. Tüm ayrılabilir durumlar tanığın negatif-olmayan bir ortalama değerini verir. Tanığın sağında bulunan durumlar tanıkla belirlenen dolanık durumlardır.

$d \otimes d$ durumu için dolanıklık tanığı olarak Hermitsel trampa işlemcisi örnek verilebilir (Werner 1989):

$$V = \sum_{i,j=0}^{d-1} |i\rangle\langle j| \otimes |j\rangle\langle i|. \tag{4.34}$$

V işlemcisinin dolanıklık tanığı olduğunu görmek için, yukarıdaki (i) özelliğini sağladığını göstermek yeterlidir:

$$\langle \Phi_A \psi_B | V | \Phi_A \psi_B \rangle = |\langle \Phi_A | \psi_B \rangle|^2 \geq 0. \tag{4.35}$$

Trampa işlemcisinin karesi 1 olduğundan $V = P^{(+)} - P^{(-)}$ izdüşüm işlemcileri cinsinden de yazılabilir. Burada

$$P^{(+)} = \frac{1}{2}(\mathbb{I} + V), \qquad P^{(-)} = \frac{1}{2}(\mathbb{I} - V); \qquad P^{(+)}, P^{(-)} \in \mathbb{C}^d \otimes \mathbb{C}^d \tag{4.36}$$

ile verilen Hilbert uzayının sırasıyla simetrik ve antisimetrik altuzaylarındaki izdüşüm işlemcileridir. V işlemcisinin bazı özdeğerleri -1 olduğundan (ii) özelliğini de sağlar. V işlemcisi aynı zamanda ayrıştırılabilir dolanıklık tanığına da bir örnektir. PnCP gönderimler ve dolanıklık tanıkları Choi-Jamiołkowski izomorfizmiyle birbirlerine bağlanırlar (Jamiołkowski 1972):

$$W_{\Lambda} = [id \otimes \Lambda](P). \tag{4.37}$$

Burada P, saf izdüşüm işlemcisidir ve

$$P = |\Phi_d\rangle\langle\Phi_d| \tag{4.38}$$

yazılır. Burada $\Phi_d \in \mathcal{H}_A \otimes \mathcal{H}_A$ durumu

$$|\Phi_d\rangle = \frac{1}{\sqrt{d}} \sum_{i=0}^{d-1} |i\rangle \otimes |i\rangle, \qquad d = \dim \mathcal{H}_A \tag{4.39}$$

şeklinde tanımlanan en dolanık durumdur. Önemli bir gözlem de şudur: (4.30) denklemiyle verilen koşul bir bütün olarak (4.25) denklemine eşdeğerken özel bir tanık, izomorfizmle birleştirilmiş pozitif bir gönderime eşdeğer değildir: Gönderim daha güçlü bir koşul sağlar. Peres kriterinden daha güçlü olmayan bir kriter olan ayrıştırılabilir PnCP gönderimlerin özel bir sınıfı ayırt edilebilirdir. Sonuç olarak tüm karşılık gelen dolanıklık tanıkları ayrıştırılabilirdir ve

$$W = O + Q^{\Gamma} \tag{4.40}$$

eşitliğini sağlarlar. Burada O ve Q bazı pozitif işlemcilerdir. Ayrıştırılabilir tanıklar (eşdeğer olarak, ayrıştırılabilir gönderimler), Peres kriterini (PPT kriteri) sağlayan tüm durumların kümesini (S_{PPT}) betimler. Ayrılabilir durumlar kümesi (S) gibi, bu küme de konveks, kompakt ve çarpım üniter işlemler altında değişmezdir. Stokastik ayrılabilir işlemler PPT özelliğini korurlar. Genel olarak, $S \subsetneq S_{PPT}$ şartı geçerlidir. Daha önce tanımlandığı gibi, iki küme sadece $d_A d_B \leq 6$ için eşittirler (Horodecki 1996). Diğer tüm durumlarda birbirlerinden farklıdırlar. Örneğin, PPT şartını sağlayan dolanık durumlar da vardır. Son durumlar bağlı dolanıklık olgusuna yol açarlar.

S_{PPT} kümesini tanımlamak için, ayrıştırılabilir tanıkların bir alt kümesini ele almak yeterlidir. Burada $O = 0$ ve Q, $|\vartheta\rangle$ dolanık vektörüne karşılık gelen saf bir izdüşüm işlemcisidir. Bu, PPT durumlar kümesini tanımlayan dolanıklık tanıklarının minimum bir kümesini verir. Böylece istenilen tanıklar dolanık bir $|\vartheta\rangle$ vektörüyle

$$W = |\vartheta\rangle\langle\vartheta|^{\Gamma} \quad (4.41)$$

şeklinde gösterilebilir. V trampa işlemcisi bu tür bir tanıkla orantılıdır. Trampa işlemcisi $V = dP^{\Gamma}$ şeklinde olduğundan ayrıştırılabilir bir tanıktır. $d \otimes d$ boyutlu sistemler için, (4.41) formunda olmayan fakat kullanışlı ve basit görünen bir ayırt edilmiş ayrıştırılabilir tanık vardır:

$$W(P) = d^{-1}\mathbb{I} - P. \quad (4.42)$$

$\langle W(P) \rangle_{\rho_{PPT}} \geq 0$ koşulu, "özuygunluk" (*fidelity*) ya da singlet kısım denilen parametre üzerine bir kısıtlama getirir[5]. Özuygunluk parametresi

$$F(\rho) = Tr[P\rho] \quad (4.43)$$

ile verilir ve kısıtlama

$$F(\rho_{PPT}) \leq 1/d \quad (4.44)$$

şeklinde tanımlanır. Bu eşitsizlik ilk olarak ayrılabilir durumlar için bulunmuştur ve bu eşitsizliğin ihlali daha sonra göstereceğimiz gibi dolanıklığın damıtılması için yeter koşuldur (Horodecki 1999).

(4.24) koşulu ile verilen gönderim kümesi, (4.29) koşuluyla verilen tanık kümesine eşdeğerdir. Buna rağmen, herhangi bir W_{Λ} tek tanık için bu koşul Λ gönderimiyle verilmiş olan koşuldan çok daha zayıftır. Bu; ilkinin skaler tipte, ikincisinin ise bir işlemci eşitsizliği koşulu temsil etmesinden kaynaklanır. Bu farklılığı görmek için, iki-kübit durumunu ele almak ve herhangi bir simetrik saf durumun dolanıklığını belirleyen V trampa işlemcisine izomorf olan dolanıklık tanığıyla PPT testi açısından tüm dolanıklığı belirleyen $\mathbb{T}$ transpozisyon gönderimini karşılaştırmak yeterlidir. Λ gönderimine dayanan koşulun, $W_{\Lambda,A} = (A \otimes \mathbb{I}) W_{\Lambda} (A^{\dagger} \otimes \mathbb{I})$ formundaki tüm tanıklarla tanımlanmış olan sürekli bir koşullar kümesine eşdeğer olduğunu görmek zor değildir. Burada A, $\mathbb{C}^{d}$'de birden daha büyük ranklı işlemcilerdir. Bu koşul, tek bir gönderimle ilişkili olan PPT koşulunun (4.36) formundaki tanıklarla sağlanan tüm koşullar kümesine eşdeğer olmasını gerektirir. Diğer bir ifadeyle, bir tanığı esas alan koşulun doğrudan ölçülebilir olduğu vurgulanmalıdır. PnCP gönderimlere dayanan ayrılabilirlik

---

[5] $0 \leq F(\rho) \leq 1$ ile verilir ancak ve ancak $\rho = P$ durumunda $F(\rho) = 1$ olur.

koşulunun fiziksel uygulamaları ise hala olası olabilmesine rağmen çok daha karmaşık olabilir.

W_2 tanığıyla algılanmış olan herhangi bir ρ durumunun dolanıklığı W_1 tanığıyla da belirlenebiliyorsa W_1 dolanıklık tanığına W_2 tanığından "daha iyidir (*finer*)" denir. Verilen bir W tanığının en uygun (*optimal*) tanık olması için gerek ve yeter koşul kendisinden daha iyi hiçbir tanığın olmamasıdır. En iyilik ölçütünün yeter koşulu Hilbert altuzayında

$$P_W = \{|\Phi_A\psi_B\rangle : \langle\Phi_A\psi_B|W|\Phi_A\psi_B\rangle = 0\} \quad (4.45)$$

olarak açılabilir. P_W bütün Hilbert uzayını gererse tanık en uygun tanıktır. Bir bakıma ayrılabilir durumlar kümesine tamamen "teğettir".

Bazı iki-parçalı saf durumlarda yoğunluk matrisleri için $r(\rho) = min\{max_i[r(\psi_i)]\}$ gibi bir Schmidt rankı tanımlanabilir. Burada minimum $\rho = \sum_i p_i|\psi_i\rangle\langle\psi_i|$ ile verilen tüm ayrışımlar üzerindendir ve $r(\psi_i)$ karşılık gelen saf durumların Schmidt rankıdır. $r_{max} = min[d_A, d_B]$ ile verilen $\{1, \ldots, r_{max}\}$ aralığındaki herhangi bir k için, k'dan daha büyük olmayan bir Schmidt sayısıyla durumların bir S_k kümesi vardır. Böyle her küme için olağan tanıkların yerine Schmidt-sayı tanıklarıyla ayrılabilir/dolanık durumlarınkine benzer bir teori kurulabilir. S_k kümesinin ailesi $S_1 \subset S_2 \subset \cdots \subset S_{r_{max}}$ kapsama bağıntılarını sağlar. Burada S_1 ayrılabilir durumlar kümesine, $S_{r_{max}}$ ise tüm durumların kümesine karşılık gelir. Her küme kompakt, konveks ve ayrılabilir işlemler altında kapalıdır. Böyle her küme k -pozitif gönderimleriyle ya da Schmidt rankı k olan tanıklarla tanımlanabilir. Schmidt rankı k olan bir tanık, aşağıdaki iki şartı sağlayan bir W_k gözlenebiliridir: (i) En az bir tane negatif özdeğeri olmalıdır. (ii) $\Psi_k \in \mathcal{H}_{AB}$ ile verilen tüm Schmidt rankı k olan vektörler için,

$$\langle\Psi_k|W_k|\Psi_k\rangle \geq 0 \quad (4.46)$$

eşitsizliğini sağlamalıdır. Ayrılabilirlik problemindeki gibi k −pozitif gönderimleri, pozitif fakat tamamen pozitif olamayan k özel gönderimlerine Choi-Jamiołkowski izomorfizmiyle bağlanır. Öyle ki, $[id_k \otimes \Lambda_k]$ gönderimi $B(\mathbb{C}^k)$'daki id_k birim (özdeşlik) gönderimi için pozitiftir. İzomorfizm, 1 −pozitif Λ gönderimine sahip $W = W_1$ şeklindeki dolanıklık tanıklarını birbirine bağlayan bir izomorfizmle aynıdır.

4.2.4 Dolanıklık tanıkları ve Bell eşitsizlikleri

Dolanıklık tanıkları, doğrudan dolanıklığın belirlenmesi için tasarlanmış Hermitsel işlemcilerdir. Dolanıklık tanıkları ve Bell eşitsizlikleri arasındaki olası bir bağlantının olup olmadığı fikri ilk olarak 2000 yılında ortaya çıkmıştır (Terhal 2000). Bell eşitsizlikleri uygun olmayan (nonoptimal) dolanıklık tanıklarıdır. Örneğin, yerel gizli değişkenler modelini (LHVM) kabul eden tüm durumlarda pozitif olan bir CHSH-tipi tanık tanımlanabilir:

$$\mathrm{W_{CHSH}} = 2\mathbb{I} - \mathrm{B_{CHSH}}. \tag{4.47}$$

Burada $\mathrm{B_{CHSH}}$, (3.27)' de tanımlanan CHSH işlemcisidir. Daha sonra Peres, Bell eşitsizliklerini ihlal etmeyen PPT durumlarının olduğunu göstermiştir (Peres 1999):

$$LHVM \Leftrightarrow PPT. \tag{4.48}$$

Çok-parçalı durumda, Bell eşitsizlikleri bağlı dolanıklığı bile belirleyebilir. Genel olarak, Bell eşitsizlikleri ve dolanıklık tanıkları arasındaki bağıntı problemi çok karmaşıktır. Bu, Bell eşitsizliklerinin serbestlik derecelerinin çok büyük olmasından kaynaklanır. Buna rağmen, Bell gözlenebiliri *çift* bir tanıkken basit bir problemdir. Sadece dolanıklığı değil aynı zamanda yerel-olmamayı da belirler.

İki-parçalı dolanıklık için bilinen en örnekler Werner durumları ve izotropik durumlardır. Özel olarak Werner durumları, dolanıklık teorisinin ilgi çekici bir problemi olan negatif kısmi transpoz (NPT) bağlı dolanıklık problemine bağlantı kuran durumlardır.

4.3 Werner $d\otimes d$ Durumları

U herhangi bir üniter işlemci olmak üzere herhangi bir $U\otimes U$ işlemi altında değişmez kalan $d\otimes d$ durumlardır ve

$$\rho_W(x) = \frac{d-x}{d^3-d}\mathbb{I} + \frac{xd-1}{d^3-d}V, \qquad x \in [-1,1] \tag{4.49}$$

şeklinde tanımlanır (Werner 1989). Burada $\mathbb{I} = \mathbb{I}_1 \otimes \mathbb{I}_2$ şeklinde tanımlanan tüm sisteme ait birim işlemci ve V de (4.34) denklemiyle verilen trampa işlemcisidir. Werner durumunun özdeğerleri

$$\lambda_{1,2} = \begin{cases} \dfrac{1+x}{d^2+d} & \dfrac{1}{2}d(d+1) \text{ kere dejenere} \\ \dfrac{1-x}{d^2-d} & \dfrac{1}{2}d(d-1) \text{ kere dejenere} \end{cases} \tag{4.50}$$

şeklinde bulunur. Werner durumu bir yoğunluk işlemcisi olduğundan izi birdir. Altsistemlerine göre kısmi izleri ise

$$Tr_A[\rho_W(x)] = \frac{\mathbb{I}_B}{d}, \qquad Tr_B[\rho_W(x)] = \frac{\mathbb{I}_A}{d}. \tag{4.51}$$

en saf-olmayan durumlara karşılık gelir. Trampa işlemcisinin izi ve kısmi izleri

$$Tr\, V = d, \qquad Tr_1 V = \mathbb{I}_2, \qquad Tr_2 V = \mathbb{I}_1 \tag{4.52}$$

ile verilir. Trampa işlemcisinin karesi birim olduğundan dolayı bir invülüsyon işlemcisidir ve özdeğerleri ± 1'dir. İzdüşüm işlemcilerinin de özdeğerleri hesaplanabilir. Trampa işlemcisinin $+1$ özdeğerine karşılık gelen izdüşüm işlemcisinin izi

$$Tr\, P^{(+)} = \frac{1}{2}(d^2 + d) \tag{4.53}$$

ve -1 özdeğerine karşılık gelen izdüşüm işlemcisinin izi de

$$Tr\, P^{(-)} = \frac{1}{2}(d^2 - d) \tag{4.54}$$

olarak bulunur. $P^{(+)}$ ve $P^{(-)}$ izdüşüm işlemcileri (4.36) denklemiyle verilen işlemcilerdir. Werner durumu ancak ve ancak Peres kriterini sağlıyorsa (PPT) dolanıktır. Bu da x'in $0 \leq x \leq 1/2$ aralığındaki değerlerine karşılık gelir. Bu değerler arasında Werner durumunun altsistemlerinden herhangi birisi üzerinden parçalı transpoz alınarak elde edilen işlemcinin en az bir negatif özdeğeri vardır.

4.4 İzotropik Durumlar

İzotropik durumlar $U \otimes U^*$ altında değişmez kalan $d \otimes d$ durumlardır ve

$$\rho_I(x) = \frac{1-x}{d^2-1}\mathbb{I} + \frac{xd^2-1}{d^3-1}P, \qquad x \in [0,1] \tag{4.55}$$

şeklinde tanımlanırlar (Horodecki 1999). Burada $P = |\Phi_d\rangle\langle\Phi_d|$ şeklinde tanımlanan bir saf durum işlemcisidir. $|\Phi_d\rangle$ durumu $\mathcal{H}_A \otimes \mathcal{H}_B$ uzayında (4.39) denklemiyle verilen en dolanık durumdur. Birim işlemci açıkça $U \otimes U^*$ altında değişmez olduğundan sadece P durumunun $U \otimes U^*$ altında değişmez olduğunu göstermek yeterlidir:

$$\begin{aligned}(U\otimes U^*)P(U\otimes U^*)^\dagger &= (U\otimes U^*)P(U^\dagger \otimes U^{*\dagger}) \\ &= \mathbb{I}\otimes(UU^*U^T)\, P\, \mathbb{I}\otimes(U^*U^T)^\dagger \\ &= P.\end{aligned} \tag{4.56}$$

Burada $(A\otimes\mathbb{I})\psi^+ = (\mathbb{I}\otimes A^T)\psi^+$ özelliği kullanılmıştır.

İzotropik durumlar için özdeğerler

$$\lambda_{1,2} = \begin{cases} x & \text{dejenere değil} \\ \dfrac{1-x}{d^2-1} & d^2-1 \text{ kere dejenere} \end{cases} \tag{4.57}$$

şeklinde bulunur. İzotropik durumlar yoğunluk işlemcisi olduğundan izleri birdir. İndirgenmiş yoğunluk işlemcileri de kısmi iz alınarak elde edilebilir:

$$(\rho_I)_A = Tr_B(\rho_I) = \frac{1-x}{d^2-1}d + \frac{xd^2-1}{d^3-1}\frac{1}{d}\sum_{i,j=1}^{d} Tr_B(|ii\rangle\langle jj|) = \frac{\mathbb{I}_A}{d}. \tag{4.58}$$

Benzer şekilde $(\rho_I)_B = \mathbb{I}_B/d$ olarak bulunur. İzotropik bir durum ancak ve ancak Peres kriterini sağlıyorsa ayrılabilirdir. Bu da x'in $0 \le x \le 1/d$ aralığındaki değerlerine karşılık gelir.

5 ÇOK-PARÇALI DURUMLARIN DOLANIKLIĞI

Dolanıklık kavramı, kuantum bilişim kuramında önemli bir yere sahiptir. Son yıllarda, çok-parçalı sistemlerin dolanıklık özelliklerini nitel ve nicel olarak karakterize etmek için çalışmalar sürmektedir. Kuantum bilişim kuramındaki özel bir ilgi alanı da, birbirlerinden uzaysal olarak ayrılmış olan çok-parçalı durumların ve bu parçaların oluşturduğu bileşik durumların paylaştıkları dolanıklığın incelenmesidir. Bu paylaşım, bir bileşik sistemin klasik bir kanal aracılığıyla iletişime izin veren parçaların varlığını gerektirir. Fakat klasik haberleşme ve yerel işlemlere (LOCC) kısıtlansalar bile, parçalar hala sistemin dolanıklık özelliklerini değiştirebilirler ve özellikle bir dolanık durumu diğer bir duruma dönüştürebilirler (Dür 2000).

LOCC aracılığıyla birbirlerinden elde edilebilen herhangi iki durum tam bir kesinlikle tanımlanabilir. Açıkça bu iki durum, parçacıklar aynı amaçlar için kullanılabildiğinden dolayı kuantum bilişim kuramında oldukça ilginç bir kriter oluştururlar. Bu kriter bir durumun birçok kopyasına uygulandığında, $(1/\sqrt{2})(|00\rangle + |11\rangle)$ EPR durumuyla bütün iki-parçalı saf durum dolanıklığını tanımlamayı sağlar. Yani, belirleyici bir LOCC altında herhangi bir $|\psi\rangle_{AB}$ durumunun dolanıklığını, $E(\psi_{AB})$ dolanıklık entropisini, A veya B sitemlerinden birisinin indirgenmiş yoğunluk matrisinin entropisini ve $|\psi\rangle_{AB}$ durumunda bulunan EPR dolanıklığının miktarını belirlemeye asimptotik olarak eşdeğerdir. Tersine, iki ya da daha fazla parçadan oluşan bir sistemde asimptotik LOCC altında dolanıklığın birkaç eşdeğer-olmayan sınıfının olduğu da gösterilebilir (Bennett 2000).

Burada bir durumun tek bir kopyasının dolanıklık özellikleri incelenecektir ve böylece asimptotik sonuçlar uygulanmayacaktır. Tek kopyalar için $|\psi\rangle$ ve $|\phi\rangle$ gibi iki saf durum ancak ve ancak yerel üniter işlemlerle bağlanırsa LOCC aracılığıyla birbirlerinden kesinlikle elde edilebilirler. Fakat en basit iki-parçalı sistemlerde bile $|\psi\rangle$ ve $|\phi\rangle$ yerel üniter işlemlerle birbirleri cinsinden ifade edilemez ve tüm eşdeğerlik sınıflarını göstermeleri gerekir. Böyle bir sınıflandırma, stokastik yerel işlemler ve klasik iletişim (SLOCC) aracılığıyla elde edilen durumların dönüştürülmesinde yapılabilir: Yani, bu sınıflandırma LOCC aracılığıyla hiçbir zorluk olmaksızın kesinlikle yapılabilir (Bennett 2000). Bu durumda $|\psi\rangle$ ve $|\phi\rangle$ gibi iki durumdan, $|\psi\rangle$ durumunu $|\phi\rangle$ durumuna, $|\phi\rangle$ durumunu da $|\psi\rangle$ durumuna dönüştürmek istenildiğinde eşdeğer olduklarını gösteren bir eşdeğerlik bağıntısı kurulabilir. Yerel üniter işlemler SLOCC'un özel bir durumu olduğundan yerel üniter işlemler altındaki durumların eşdeğerliliği SLOCC altında da eşdeğerdir. Buradaki temel amaç, SLOCC altında üç-kübitli saf durum dolanıklığının tüm olası çeşitlerini karakterize etmek ve belirlemektir. Üç-parçalı dolanıklığın iki farklı türü vardır. Herhangi bir üç-parçalı dolanık durum SLOCC aracılığıyla iki standart formdan birisine dönüştürülebilir. Bu durumlar GHZ ve W durumlarıdır (Greenberger 1989):

$$|GHZ\rangle = \frac{1}{\sqrt{2}}(|000\rangle + |111\rangle) \tag{5.1}$$

$$|W\rangle = \frac{1}{\sqrt{3}}(|001\rangle + |010\rangle + |100\rangle). \tag{5.2}$$

$|\psi\rangle$ durumu (5.1) denklemindeki $|GHZ\rangle$ durumuna ve $|\phi\rangle$ durumu da (5.2) denklemindeki $|W\rangle$ durumuna dönüştürülebilirse, çok küçük bir başarı olasılığıyla bile $|\psi\rangle$ durumunu $|\phi\rangle$ durumuna ya da diğer farklı durumlara dönüştürmek imkansızdır.

$|W\rangle$ durumu LOCC aracılığıyla $|GHZ\rangle$ durumundan elde edilemez ve kendine has bazı karakteristik özellikleri vardır. $|GHZ\rangle$ durumu bazen üç-kübitler için en dolanık durum olarak düşünülebilir. Fakat üç kübitten herhangi birisi üzerinden iz alınırsa, kalan durum tamamen dolanık-olmayan bir durumdur. $|GHZ\rangle$ durumunun dolanıklık özellikleri parçacık kayıpları altında çok dayanıksızdır. Tersine $|W\rangle$ durumunun dolanıklığı üç kübitin herhangi birisinin iz alınarak atılması altında en dayanıklı durumdur ve geriye kalan indirgenmiş yoğunluk matrisleri bazı kriterlere göre üç-kübitli saf veya saf-olmayan diğer durumlarla karşılaştırıldığında en büyük dolanıklık miktarını içerir.

5.1 SLOCC Altında Dolanıklık Türleri

Burada, çok-parçalı bir sistemin $|\phi\rangle$ ve $|\psi\rangle$ durumlarının dolanıklığı ancak ve ancak önsel bir başarı olasılığıyla iki durumdan her birini diğerine dönüştürmeye izin veren yerel protokoller varsa tanımlanacaktır. $|\phi\rangle$ ve $|\psi\rangle$ durumlarının dolanıklığı eşdeğerse aynı amaçlar için kullanılabilirler (Bennett 2000).

5.1.1 Terslenebilir yerel işlemciler

Bu sınıflandırma, uygulamada, SLOCC ile bağlanan durumlar çözülemiyorsa kullanışlı olan bir sınıflandırmadır. Bu zamana kadar genel bir dönüşümün LOCC aracılığıyla yapılıp yapılamayacağını belirleyen hiçbir pratik kriterin olmadığı bilinir. Ama işlemlerin bir serisi olarak herhangi bir yerel protokolün olduğu düşünülebilir.

Üç-kübitli bir durumda, $|\psi\rangle$ durumu ancak ve ancak $A \otimes B \otimes C$ gibi bir işlemci varsa yerel olarak sonlu bir olasılıkla $|\phi\rangle$ durumuna dönüştürülebilir:

$$|\phi\rangle = A \otimes B \otimes C |\psi\rangle. \tag{5.3}$$

Burada A işlemcisi, kendi altsistemi üzerine etki eden ilk parçadan gelen katkıları içerir. B ve C işlemcileri için de bu katkılar benzer şekilde düşünülebilir. Basitlik için, her iki durumun ($|\psi\rangle$ ve $|\phi\rangle$), $\rho_A \equiv tr_{BC}(|\psi\rangle\langle\psi|)$, ρ_B ve ρ_C şeklindeki indirgenmiş yoğunluk matrislerinin rankının iki olduğunu düşünelim. Diğer bir ifadeyle, bu işlemcilerin her birisinin terslenebilir olması gerekir:

$$|\psi\rangle = A^{-1} \otimes B^{-1} \otimes C^{-1} |\phi\rangle. \tag{5.4}$$

İndirgenmiş yoğunluk matrisleri için en büyük rank yaklaşımı altında, iki-yönlü dönüştürülebilirlik, (5.3) denklemindeki gibi terslenebilir A, B ve C işlemcilerinin varlığını gerektirir (tek-yönlü dönüştürülebilirlik sadece $A \otimes B \otimes C$ gibi terslenebilir yerel bir işlemcinin (ILO) olmasını gerektirir). Bunun tersi de doğrudur. Eğer $A \otimes B \otimes C$ gibi terslenebilir yerel bir işlemci varsa çevrimin her yönü için yerel bir protokol sıfırdan farklı bir olasılıkla başarıyla kurulabilir.

Sonuç olarak $|\psi\rangle$ ve $|\phi\rangle$ durumları, birbirlerine terslenebilir yerel bir işlemciyle bağlanabiliyorsa SLOCC altında eşdeğerdir.

5.1.2 SLOCC altında iki-parçalı dolanıklık

Yerel işlemler SLOCC içinde yer aldığından analiz için başlangıç noktası olarak $|\psi\rangle \in \mathbb{C}^n \otimes \mathbb{C}^m, n \leq m$ şeklinde tanımlanan saf bir durumun Schmidt ayrışımı alınabilir.

$$\sum_{i=1}^{n_\psi} \sqrt{\lambda_i}\, |i\rangle \otimes |i\rangle = U_A \otimes U_B |\psi_{AB}\rangle, \qquad \lambda_i > 0, \qquad n_\psi \leq n \tag{5.5}$$

Burada U_A ve U_B bazları uygun yerel üniter işlemcilerdir. λ_i katsayıları i ile azalır ve n_ψ Schmidt ayrışımındaki sıfırdan farklı terimlerin sayısıdır. Açıkça

$$\frac{1}{\sqrt{n_\psi}}\left(\sum_{i=1}^{n_\psi}\frac{1}{\sqrt{\lambda_i}}|i\rangle\langle i| + \sum_{i=n_\psi+1}^{n}|i\rangle\langle i|\right)\otimes\mathbb{I}_B \tag{5.6}$$

şeklinde tanımlanan terslenebilir yerel bir işlemci (5.5) denklemini, sadece n_ψ Schmidt sayısına bağlı olan ve

$$\frac{1}{\sqrt{n_\psi}}\sum_{i}^{n_\psi}|i\rangle\otimes|i\rangle \tag{5.7}$$

ile verilen en dolanık duruma dönüştürür. SLOCC, ρ_A ve ρ_B indirgenmiş yoğunluk matrislerinin rankını değiştiremeyeceğinden SLOCC altında n farklı sınıfa karşılık gelen n farklı dolanık durum çeşidi vardır. Bu sınıfların her birisi verilen bir Schmidt sayısıyla karakterize edilir ve (5.7) denklemindeki gibi bir durum, bu sınıfların temsilcileri olarak seçilebilir. Burada $n_\psi = 1,\cdots,n$ şeklindedir. Açıkça, $n_\psi = 1$ durumu geriye kalan diğer durumlardan daha az dolanık olan durumlara karşılık gelir. Bu bağıntı, terslenebilir yerel işlemcilerin Schmidt terimlerindeki bazı sınıfları dışarıda bıraktığından dolayı sınıfların geriye kalanlarına açılabilirler ve böylece bir durumun Schmidt sayısı eksiltilebilir. Bu sebeple, $|\psi\rangle$ durumu ancak ve ancak $n_\psi \geq n_\phi$ ise bazı sonlu olasılıklarla yerel olarak $|\phi\rangle$ durumuna dönüştürülebilir.

$\mathcal{H} = \mathbb{C}^2\otimes\mathbb{C}^2$ şeklinde iki-kübitli bir sistemde uygun bir yerel üniter işlemci kullandıktan sonra herhangi bir durum

$$|\psi_{AB}\rangle = c_\delta|0\rangle\otimes|0\rangle + s_\delta|1\rangle\otimes|1\rangle, \quad c_\delta \geq s_\delta \geq 0, \tag{5.8}$$

olarak yazılabilir. Burada $c_\delta$ve s_δ sırasıyla $cos\delta$ ve $sin\delta$ ifadelerini gösterir. Bu durum, $c_\delta = 1$ için $|\psi_{A-B}\rangle = |0\rangle\otimes|0\rangle$ çarpım durumlarından birisidir ya da $p = E(\psi)$ olasılığa sahip

$$\frac{1}{\sqrt{2}}(|0\rangle\otimes|0\rangle + |1\rangle\otimes|1\rangle) \tag{5.9}$$

bir EPR durumuna dönüştürülebilen dolanık bir durumdur. Burada $E(\psi) = \lambda_2$ iki-kübitli saf bir durumun tek bir kopyasını içeren yerel-olmayan kaynakların nicel bir tanımlamasını sağlayan dolanıklık monotonudur (Vidal 2000). Herhangi bir $|\psi\rangle$ durumu (5.9) durumundan kesinlikle elde edilebilir. EPR durumları iki-kübitli en dolanık durumlardır.

5.2 Üç-Kübitli Saf Durumların Dolanıklığı

Burada, SLOCC işleminin saf durumlar kümesini altı eşdeğer-olmayan sınıfa böldüğü gösterilecektir. Bu eşdeğer-olmayan sınıflar yerel üniter işlemlerle birbirlerine bağlanabiliyorsa üç farklı sıralama içinde incelenecektir. Sıralamanın en üstünde, karşılık gelen temsilcilerin seçiminden sonra GHZ ve W olarak bilinen üç-parçalı dolanıklığın eşdeğer-olmayan iki sınıfı yer alır. İki-parçalı dolanıklığın olası üç sınıfı, terslenemez yerel bir işlemci aracılığıyla GHZ ve W sınıflarının herhangi bir durumundan elde edilebilir. Son olarak, sıralamanın en altında dolanık olmayan durumlar incelenecektir (Bennett 2000).

İndirgenmiş yoğunluk matrislerinin $r(\rho_A), r(\rho_B)$ ve $r(\rho_C)$ rankları ilk kısımda kullanılacak temel matematiksel araçlardır. Bunların analizleriyle, üç-kübitli dolanıklığın detaylı bir sınıflandırması yapılabilir (Dür 2000).

5.2.1 Dolanık olmayan durumlar ve iki-parçalı dolanıklık

$r(\rho_A), r(\rho_B)$ ve $r(\rho_C)$ ranklarından en az bir tanesinin rankı 1 ise, üç-kübitli bir saf durum bir tensör çarpım olarak ayrıştırılabilir ve bu kübitlerin en az bir tanesinin diğer ikisiyle hiçbir şekilde korele olmaması gerekir. SLOCC, korele-olmayan kübitlere bağlı olan bu özelliğe sahip durumları geriye kalan durumlardan ayırır.

1. A-B-C Sınıfı (Çarpım Durumu)

Bu sınıf $r(\rho_A) = r(\rho_B) = r(\rho_C) = 1$ olan durumlara karşılık gelir. Bazı uygun yerel üniter işlemler kullanıldıktan sonra

$$|\psi_{A-B-C}\rangle = |0\rangle \otimes |0\rangle \otimes |0\rangle \qquad (5.10)$$

formunda alınabilirler.

2. A-BC, AB-C ve C-AB Sınıfları (İki-Parçalı Dolanıklık)

Bu sınıf, sadece indirgenmiş yoğunluk matrislerinden birisinin rankı 1 diğer ikisinin rankı 2 olan kübitlerin ikisi arasındaki iki-parçalı dolanıklığı içerir. Örneğin, A-BC sınıfındaki durumlar, rankları $r(\rho_B) = r(\rho_C) = 2$ olan B ve C sistemleri arasındaki dolanıklığa sahiptirler ve rankı $r(\rho_A) = 1$ olan A sistemine göre çarpım durumlarıdırlar. Yerel üniter işlemciler, A-BC sınıfının durumlarının tek olarak

$$|\psi_{A-BC}\rangle = |0\rangle(c_\delta|0\rangle\otimes|0\rangle + s_\delta|1\rangle\otimes|1\rangle), \quad c_\delta \geq s_\delta > 0 \tag{5.11}$$

şeklinde yazılmasını sağlarlar. Benzer şekilde $|\psi_{B-AC}\rangle$ ve $|\psi_{C-AB}\rangle$ durumları da yazılabilir. A-BC sınıfının temsilcileri olarak

$$\frac{1}{\sqrt{2}}|0\rangle(|0\rangle\otimes|0\rangle + |1\rangle\otimes|1\rangle) \tag{5.12}$$

maksimal dolanık durum seçilebilir. Bu sınıf içindeki herhangi bir diğer durum, LOCC aracılığıyla tam bir kesinlikle (5.12) denkleminden elde edilebilir. SLOCC altında eşdeğer olmayan bu dört sınıfın ispatı kolayla yapılabilir. Burada sadece rankları terslenebilir yerel işlemler altında değişmez kalan sınıflar kullanılacaktır. Şimdi rankları $r(\rho_k) = 2\,,\ k = A, B, C$ olan daha ilginç bir durumu ele alalım. Bu şartı sağlayan iki eşdeğer-olmayan sınıfın varlığını görmek için, saf durumların olası çarpım ayrışımları ele alınmalıdır.

5.2.2 Üç-kübit dolanıklığı

SLOCC altında dönüştürülebilirlik ve çarpım durumların çizgisel bir kombinasyonu olarak açılabilen dolanık durumlar arasında yakın bir ilişki vardır. Örneğin, GHZ ve W durumlarının, minimal çarpım ayrışımlarındaki terimlerin sayısı farklıdır. GHZ durumu iki terimli W durumu ise üç terimlidir. Bu, bir terslenebilir yerel işlemci yani bir $\boldsymbol{A}\otimes\boldsymbol{B}\otimes\boldsymbol{C}$ işlemcisi aracılığıyla bir durumu başka bir duruma dönüştürmek için hiçbir yol olmadığını gerektirir. Bir $|GHZ\rangle$ durumundan tersine çevrilerek elde edilebilen en genel saf durumu ele alalım:

$$A\otimes B\otimes C|GHZ\rangle = \frac{1}{\sqrt{2}}(|A0\rangle\otimes|B0\rangle\otimes|C0\rangle + |A1\rangle\otimes|B1\rangle\otimes|C1\rangle). \tag{5.13}$$

Burada $|A0\rangle$ ve $|A1\rangle$, A terslenebilir olduğundan çizgisel bağımsız vektörlerdir. Benzer şekilde diğer iki kübitler de aynı şekilde ifade edilebilirler. Yani, (5.13) denklemindeki durum için bir çarpım ayrışımındaki terimlerin minimum sayısı da 2'dir. Genel birçok-parçalı sistem için aşağıdaki gözlem yapılabilir.

Gözlem: Verilen herhangi bir durum için çarpım durumlarının minimum sayısı SLOCC altında değişmeden kalır.

Bu basit gözlem, üç-kübitlerde, SLOCC altında $|GHZ\rangle$ ve $|W\rangle$ gibi üç-parçalı dolanıklığın en az iki eşdeğer-olmayan türünün olduğunu söyler. Ama $|W\rangle$ durumunun iki çarpım vektörün çizgisel bir birleşimi olarak açılamayacağı ispatlanmalıdır. Sınıflandırmanın tamamlanması için, yerel rankları olan üç-kübitli herhangi bir saf durumun $|GHZ\rangle$ ya da $|W\rangle$ durumlarından birisine terslenerek dönüştürülebileceği de gösterilmelidir. Çarpım ayrışımları dikkate alarak açık bir yardımcı teorem ile başlanılabilir.

Yardımcı Teorem: $|\eta\rangle = \sum_i^l |e_i\rangle \otimes |f_i\rangle$, $|\eta\rangle \in \mathcal{H}_E \otimes \mathcal{H}_F$ durumu için bir çarpım ayrışımı olsun. $|e_i\rangle$ ve $|f_i\rangle$'nin ortonormal olması gerekli değildir. $\{|e_i\rangle\}_{i=1}^l$ durumlar kümesi,

$$\rho_E \equiv Tr_F |\eta\rangle\langle\eta| \tag{5.14}$$

yoğunluk matrisinin alanını gerer.

İspat: Yukarıdaki yoğunluk matrisi

$$\rho_E = \sum_{i,j=1}^{l} \langle f_i | f_j \rangle |e_j\rangle\langle e_i| \tag{5.15}$$

şeklinde yazılabilir. Diğer bir ifadeyle, $|\nu\rangle = \rho_E |\mu\rangle$ olacak şekilde bir $|\mu\rangle$ durumu varsa, $|\nu\rangle$ durumu ρ_E indirgenmiş yoğunluk matrisinin alanındadır. Yani, $|\nu\rangle$ durumu

$$|\nu\rangle = \sum_{i,j=1}^{l} \langle f_i | f_j \rangle \langle e_i | \mu \rangle |e_j\rangle \tag{5.16}$$

ile verilir. $r(\rho_A) = 2$ özel durumunda, en az iki çarpım teriminin $|\psi\rangle \in \mathbb{C}^2 \otimes \mathbb{C}^2 \otimes \mathbb{C}^2$ durumuna açılması gereklidir. Sadece iki terimli bir çarpım ayrışımının olası olduğunu varsayalım:

$$|\psi\rangle = |a_1 b_1 c_1\rangle + |a_2 b_2 c_2\rangle. \tag{5.17}$$

Önceki yardımcı teoreme göre, $|b_1 c_1\rangle$ ve $|b_2 c_2\rangle$, ρ_{BC} yoğunluk işlemcisinin alanı olan $R(\rho_{BC})$'yi germelidir. Fakat $R(\rho_{BC})$, $\mathbb{C}^2 \otimes \mathbb{C}^2$ ile ifade edilen iki-boyutlu bir altuzaydır. Bu yüzden, $R(\rho_{BC})$, $\mathbb{C} \otimes \mathbb{C}^2$ ya da $\mathbb{C}^2 \otimes \mathbb{C}$ ile desteklenmedikçe her zaman sadece bir ya da sadece iki çarpım durumundan birisini içerir. (5.17) denklemindeki iki-terimli bir ayrışım, $R(\rho_{BC})$'nin en az iki çarpım vektörü içermesini gerektirir. $R(\rho_{BC})$'deki bir çarpım vektörü ve böylece (5.17) denklemindeki ayrışımın imkansızlığı, açıkça W sınıfındaki durumların davranışına götürür.

5.2.2.1 GHZ sınıfı

İlk olarak $R(\rho_{BC})$'nin, $|b_1 c_1\rangle$ ve $|b_2 c_2\rangle$ gibi iki çarpım vektörünü içerdiğini varsayalım. Böylece (5.17) ayrışımı yazılabilir ve $|a_i\rangle = \langle \xi_i | \psi \rangle, i = 1{,}2$ olmak üzere bu yazım aslında tektir. Burada $|\xi_i\rangle$, $|b_1 c_1\rangle$ vektörüne biortonormal olan $R(\rho_{BC})$'deki desteklenmiş iki vektördür. Bu durumda, $|\psi\rangle$ vektörünü kullanışlı bir çarpım formuna getirmek için yerel işlemciler veya işlemler kullanılabilir:

$$|GHZ\rangle = \sqrt{K}\left(c_\delta |0\rangle \otimes |0\rangle \otimes |0\rangle + s_\delta e^{i\varphi} |\varphi_A\rangle \otimes |\varphi_B\rangle \otimes |\varphi_C\rangle\right). \tag{5.18}$$

Burada,

$$\begin{aligned} |\varphi_A\rangle &= c_\alpha |0\rangle + s_\alpha |1\rangle \\ |\varphi_B\rangle &= c_\beta |0\rangle + s_\beta |1\rangle \\ |\varphi_C\rangle &= c_\gamma |0\rangle + s_\gamma |1\rangle \end{aligned} \tag{5.19}$$

ile verilir ve $K = \left(1 + 2 c_\delta s_\delta c_\alpha c_\beta c_\gamma c_\varphi\right)^{-1} \in (1/2, \infty)$ bir normalizasyon katsayısıdır. Diğer beş parametre için aralıklar; $\delta \in (0, \pi/4]$, $\alpha, \beta, \gamma \in (0, \pi/2]$ ve $\varphi \in [0, 2\pi)$ şeklindedir. Tüm bu durumlar, SLOCC altında $|GHZ\rangle$ durumu gibi aynı eşdeğerlik sınıfındadırlar. Ayrıca $|GHZ\rangle$ durumuna uygulanmış olan ILO

$$\sqrt{K}\begin{pmatrix} c_\delta & s_\delta c_\alpha e^{i\varphi} \\ 0 & s_\delta s_\alpha e^{i\varphi} \end{pmatrix} \otimes \begin{pmatrix} 1 & c_\beta \\ 0 & s_\beta \end{pmatrix} \otimes \begin{pmatrix} 1 & c_\gamma \\ 0 & s_\gamma \end{pmatrix} \tag{5.20}$$

(5.18) durumunu üretir.

GHZ durumu, bu sınıfın dikkate değer bir temsilcisidir. Bazı durumlar altında maksimal dolanık durumlar olarak da adlandırılabilirler. Örneğin; GHZ durumu Bell-tipi eşitsizlikleri maksimum olarak ihlal eder. Ölçüm sonuçlarının karşılıklı bilgisi en fazla olan durumdur ve (beyaz) gürültüye[6] karşı maksimum düzeyde kararlıdır. Üç parçanın herhangi ikisi arasında paylaşılmış olan bir EPR durumu, birim olasılıklı bir GHZ durumundan yerel olarak elde edilebilir. Diğer bir önemli özellik de şudur: Üç kübitin herhangi birisinin kısmi izi alınıp atıldığında kalan iki kübit bir ayrılabilir durumdur. Dolayısıyla GHZ durumları dolanık değildirler.

5.2.2.2 W sınıfı

Burada $R(\rho_{BC})$'nin sadece bir çarpım vektörü içerdiğini düşünelim. (5.17) denklemiyle verilen ayrışım artık olası bir ayrışım değildir. Bunun yerine,

$$|\psi\rangle = |a_1 b_1 c_1\rangle + |a_2\rangle|\Phi_{BC}\rangle \tag{5.21}$$

durumu yazılabilir. Bu yazım da yine tektir. Burada $|\Phi_{BC}\rangle$, $|b_1 c_1\rangle$ vektörüne dik olan $R(\rho_{BC})$ vektörüdür. $|a_1\rangle$ ve $|a_2\rangle$ vektörleri de sırasıyla $\langle b_1 c_1|\psi\rangle$ ve $\langle\Phi_{BC}|\psi\rangle$ ile verilir. (5.21) denklemi yerel üniter işlemciler aracılığıyla her zaman

$$|\psi\rangle = (\sqrt{c}|1\rangle + \sqrt{d}|0\rangle)|00\rangle + |0\rangle(\sqrt{a}|01\rangle + \sqrt{b}|10\rangle) \tag{5.22}$$

şeklinde yazılabilir. İlk olarak $|b_1 c_1\rangle$ vektörünü $|00\rangle$ alalım. $|\Phi_{BC}\rangle$ vektörü $|b_1 c_1\rangle$ vektörüne dik seçilebildiğinden dolayı $|\Phi_{BC}\rangle = x|01\rangle + y|10\rangle + z|11\rangle$ olmalıdır. Bu çarpım vektörlerinin çizgisel bir birleşiminin, ikinci bir çarpım vektörü olamayacağı gerektiğinden dolayı $z = 0$ elde edilir. Ayrıca $\sqrt{a} \equiv x, \sqrt{b} = y, \sqrt{c}$ ve $\sqrt{d}$ katsayıları da pozitif yapılabilir. Böylece durum, sadece yerel üniter işlemciler kullanılarak (5.22) denklemi formunda yazılabilir. Öncelikle iki terimin, durumun bir çarpım ayrışımında yeterli olamayacağı gösterilmiş oldu. Şimdi ise üç çarpım teriminin de aynı işi

---

[6] Haberleşme veya iletişim teorisinde beyaz gürültü, yoğunluk spektrumunun tüm frekans değerlerinde sabit olduğu durağan stokastik bir süreç olarak tanımlanır. Başka bir tanım olarak; Brownian hareket sürecinin zamana göre türevi şeklinde ifade edilebilir (Ohya, Volovich 2011).

yapabileceği gösterilebilir. Örneğin, $(\sqrt{c}|1\rangle + \sqrt{d}|0\rangle)|00\rangle$, $\sqrt{a}|0\rangle|01\rangle$ ve $\sqrt{b}|10\rangle$ durumları alındığında, $|\psi\rangle$ durum vektörü

$$|\psi_W\rangle = \sqrt{a}|001\rangle + \sqrt{b}|010\rangle + \sqrt{c}|100\rangle + \sqrt{d}|000\rangle \tag{5.23}$$

şeklinde yazılabilir. Burada $a, b, c > 0$ ve $d \equiv 1 - (a + b + c) \geq 0$ şeklindedir. Parçalar yerel olarak, sınıfın temsilcisi olarak seçilen (5.2) denklemindeki $|W\rangle$ durumuna

$$\sqrt{K}\begin{pmatrix} \sqrt{a} & \sqrt{d} \\ 0 & \sqrt{c} \end{pmatrix} \otimes \begin{pmatrix} \sqrt{3} & 0 \\ 0 & \frac{\sqrt{3d}}{\sqrt{a}} \end{pmatrix} \otimes \begin{pmatrix} 1 & 0 \\ 0 & s_Y \end{pmatrix} \tag{5.24}$$

formundaki bir ILO uygulanmasıyla (5.23) denklemini elde edebilirler.

Terslenebilir yerel işlemcilerle bu sınıfları ilişkilendirmeden önce GHZ ve W sınıflarındaki durumların, yerel üniter işlemlerle değiştirilemeyen sırasıyla beş ve üç parametreye bağlı olduklarına dikkat etmek gerekir. Üç-kübitli genel bir durum beş parametreye bağlıdır. Yani durumlar genel olarak GHZ durumuna aittir ya da eşdeğer bir ifadeyle, üç kübitli genel bir saf durum sonlu bir başarı olasılığıyla bir GHZ durumuna dönüştürülebilir. W sınıfı, GHZ sınıfıyla karşılaştırılırsa ölçeği sıfırdır. Ama bu, gereksiz olduğu anlamına gelmez. Benzer bir şekilde, çarpım durumları olsalar bile ayrılabilir saf-olmayan durumların ölçeği de, dolanık durumlara göre sıfır değildir. Sadece W-sınıfı dolanıklığa sahip saf-olmayan durumların da, saf-olmayan durumlar kümesinde sıfır ölçeğe sahip olmadıkları ilke olarak mantıklıdır. Saf dolanık durumların önemli bir ailesi de kuantum grafik durumlarıdır.

5.3 Terslenemez İşlemcilerle SLOCC Sınıflarını Bağlama

Burada genel LOCC gibi terslenemez işlemciler altında altı SLOCC-eşdeğerlik bağıntısının hiyerarşik ilişkisi incelenecektir. Terslenemez bir işlemci (5.3) denklemine göre $|\psi\rangle$ durumunu $|\phi\rangle$ durumuna dönüştürür. Fakat A, B ve C yerel işlemcilerinden en az birisinin rankı 1 olmalıdır. Bu, saf durumların yerel ranklarının azaltılabileceği anlamına gelir. Örneğin, $|\psi\rangle$ başlangıç durumu $|GHZ\rangle$ ya da $|W\rangle$ durumlarından birisine aitse, terslenemez bir işlemci yerel ranklardan en az birisini azaltacaktır. Yani, $|\phi\rangle$

durumu kesinlikle $\kappa - \mu\nu$, $\kappa \neq \mu \neq \nu \in \{A, B, C\}$ iki-parçalı saf durumlardan birisine ya da A-B-C gibi bir çarpım durumuna aittir.

Böylece $|GHZ\rangle$ ve $|W\rangle$ sınıflarının da en genel LOCC altında bile eşdeğer olmadığı görülür. Oysaki A parçasındaki $P_+ = |+\rangle\langle+|$, $|+\rangle = 1/\sqrt{2}\,(|0\rangle + |1\rangle)$ izdüşüm işlemcisinin bir ölçümü (5.1) ve (5.2) denklemleriyle verilen $|GHZ\rangle$ ve $|W\rangle$ sınıfları içindeki durumları A-BC sınıfındaki durumlara götürür. Benzer bir yolla, Terslenemez yerel işlemciler, $\kappa - \mu\nu$ sınıflarından birisindeki durumları A-B-C sınıfındaki durumlara dönüştürebilir. Yukarıda tanımlanan tüm durumlarda, ters dönüşümler, ρ_A, ρ_B, ρ_C indirgenmiş yoğunluk işlemcilerinin en az birisinin rankının bir artışını gerektirdiğinden imkansızdır.

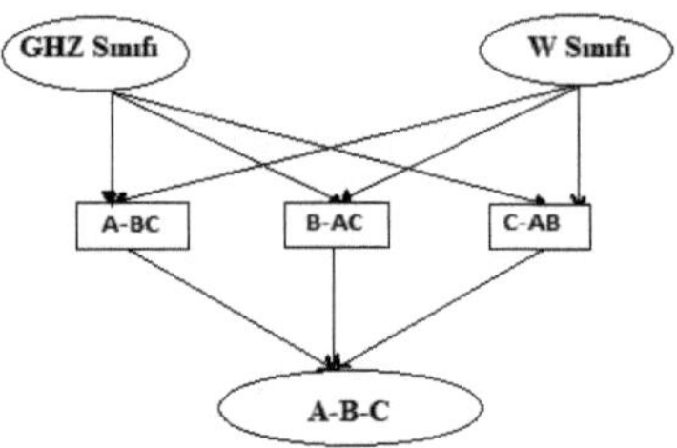

Şekil 5.1 Üç-parçalı saf durumların farklı yerel sınıfları (Okların yönü sınıflar arasındaki olası terslenemez dönüşümleri göstermektedir.)

5.4 N- Parçaya Genelleme

Son olarak daha genel çok-parçalı sistemlerin dolanıklığını analiz etmek için aynı teknikler kullanılacaktır. Dolanık durumlar kümesi, LOCC aracılığıyla birbirlerine bağlanamayan $|\psi\rangle$ ve $|\phi\rangle$ gibi iki saf durum için erişilemez bir kümedir. Öyle ki bu parçalar genellikle durumları yerel olarak dönüştüremezler. Ayrıca $|W\rangle$ durumunun N-kübite genellemeleri de gösterilecektir.

5.4.1 Çok-parçalı sistemlerde durumların yerel olarak elde edilemezliği

İlk olarak her birisi bir kübite sahip N parçalı bir sistem ele alalım.

Sistemin Hilbert uzayı

$$\mathcal{H}^{(N)} = \underbrace{\mathbb{C}^2 \otimes \mathbb{C}^2 \otimes \cdots \otimes \mathbb{C}^2}_{N\ tane} \tag{5.25}$$

ile ifade edilir. Genel bir vektör $2(2^N - 1)$ tane gerçel parametreye bağlıdır. Diğer bir ifadeyle ILO aracılığıyla birbirlerine bağlanan vektörleri tanımlamak gereklidir. Terslenebilir bir A işlemcisi sıfırdan farklı bir determinanta sahip olmalıdır ve bu $detA = 1$ alınabilir. Yani $A \in SL_2(\mathbb{C})$ olup altı gerçel parametreye bağlıdır. Bundan dolayı SLOCC altındaki eşdeğer sınıflar kümesi,

$$\frac{\mathcal{H}^{(N)}}{\underbrace{SL_2(\mathbb{C}) \times SL_2(\mathbb{C}) \times \cdots \times SL_2(\mathbb{C})}_{N\ tane}}, \tag{5.26}$$

en az $2(2^N - 1) - 6N$ parametreye bağlıdır. Bu alt sınıf $N = 3$ için sınıfların sonlu bir sayısına izin verir fakat daha fazla sayıda kübitler için, en az bir sürekli parametreyle etiketlenmiş sonsuz sayıda sınıf vardır. Bunun sebebi, bir $|\psi\rangle$ durumunu belirlemek için gereken parametrelerin sayısı N ile üstel olarak artarken $A \otimes B \otimes \cdots \otimes N$ şeklinde genel bir ILO aracılığıyla değiştirilebilen bir $|\psi\rangle$ durumundaki parametrelerin sayısı N ile doğrusal olarak artar (Horodecki 2009).

Hilbert uzayı $\mathcal{H} = \mathbb{C}^{n_1} \otimes \mathbb{C}^{n_2} \otimes \cdots \otimes \mathbb{C}^{n_N}$ ile verilirse

$$\frac{\mathbb{C}^{n_1} \otimes \mathbb{C}^{n_2} \otimes \cdots \otimes \mathbb{C}^{n_N}}{SL_{n_1}(\mathbb{C}) \times SL_{n_2}(\mathbb{C}) \times \cdots \times SL_{n_N}(\mathbb{C})} \tag{5.27}$$

SLOCC altındaki eşdeğer sınıfların kümesi en az

$$2(n_1 n_2 \ldots n_N - 1) - 2\sum_{i=1}^{N}(n_i^2 - 1) \tag{5.28}$$

tane parametreye bağlıdır. $N = 3$ için, SLOCC altında sonlu sayıda sınıflara sahip bazı sistemler hala vardır. Yani altsistemlerden en az bir tanesi bir kübite sahiptir ve Hilbert uzayı $\mathcal{H} = \mathbb{C}^2 \otimes \mathbb{C}^{n_2} \otimes \mathbb{C}^{n_3}$ ile verilir. Diğer tüm durumlarda sınıfların sonsuz bir sayısı bulunabilir. Terslenemez yerel işlemciler için izin verilse bile yerel işlemlerle değiştirilebilen parametrelerin miktarı durumun neye bağlı olduğundan daha küçüktür. Yani verilen herhangi bir $|\psi\rangle$ durumundan yerel olarak elde edilebilen durumların altkümesi, çok-parçalı sistemin durumlarının kümesinde sıfır ölçüye sahiptir. $\mathcal{H} =$

$\mathbb{C}^n \otimes \mathbb{C}^m$ şeklinde iki-parçalı bir durumda, diğer tüm durumlardan tam bir kesinlikle yerel olarak hazırlanabilen bir en dolanık durum her zaman vardır. Bunun aksine, çok-parçalı bir sistemde bazı olasılıklar olsa bile diğer tüm durumlardan hazırlanabilen hiçbir durum yoktur. Parçalar, uz-aktarımla (teleportation) herhangi bir çok-parçalı durumu hazırlamak için onlar boyunca dağıtılmış EPR durumlarının yeterli bir miktarını kullanmayı her zaman deneyebilirler. Ama bu, parçaların yaratmaya çalıştıkları durumun Hilbert uzayından daha büyük bir Hilbert uzayına ait olan bir başlangıç durumunu kullanmayı gerektirir.

5.4.2 Çok-kübit sistemlerde $|W\rangle$ durumu

$|W\rangle$ durumunun genelleştirilmiş bir $|W_N\rangle$ formunu düşünelim. Bu durum

$$|W_N\rangle = \frac{1}{\sqrt{N}}|N-1,1\rangle \tag{5.29}$$

eşitliğiyle verilmiş olsun. Burada $|N-1,1\rangle$, $N-1$ tane sıfır ve 1 tane bir içeren toplam simetrik durumu gösterir. Örneğin, $N=4$ alınırsa bu durum

$$|W_4\rangle = \frac{1}{\sqrt{4}}(|0001\rangle + |0010\rangle + |0100\rangle + |1000\rangle) \tag{5.30}$$

şeklinde yazılabilir. Bu durumun dolanıklığının parçacık kayıplarına karşı sağlam ve dirençli olduğu gözlenebilir. Herhangi $N-2$ parça, parçacıkları hakkındaki bilgiyi kaybetseler bile $|W_N\rangle$ durumu dolanık kalır. Bu, N parçanın herhangi iki elemanı dışında geriye kalan $(N-2)$ parça diğer iki parçayla birlikte olup olmamasından bağımsız olarak dolanık bir duruma sahip olduğu anlamına gelir. $|W_N\rangle$ durumunun $\rho_{\kappa\mu}$ indirgenmiş yoğunluk işlemcisi hesaplanarak görülebilir. $|W_N\rangle$ durumunun simetrisinden dolayı tüm $\rho_{\kappa\mu}$ indirgenmiş yoğunluk işlemcileri özdeştirler ve

$$\rho_{\kappa\mu} = \frac{1}{N}[2|\Psi^+\rangle\langle\Psi^+| + (N-2)|00\rangle\langle 00|] \tag{5.31}$$

durumu elde edilir.

6 DOLANIKLIĞIN YOĞUNLAŞTIRILMASI ve SAFLAŞTIRILMASI

Bu bölümde genel olarak; dolanıklığın yoğunlaştırılması için Bennett 1996a, gürültü dolanıklığının saflaştırılması için Bennett 1996b ve indirgeme kriteri aracılığıyla dolanıklığın damıtılması için Horodecki 1999 makalelerinden yararlanılmıştır.

6.1 Dolanıklığın Yoğunlaştırılması

İki-durumlu parçacıkların özdeş kısmi dolanık çiftlerinin bir kaynağında bulunan dolanıklık mükemmel singletlerin daha az bir miktarına yoğunlaştırılabilirler (Bennett 1996a). Bunun $d > 2$ durumlu parçacıklara genellemesi de mümkündür. Bu yönteme ortak bir Schmidt katsayısına sahip durumlarla gerilmiş olan bir altuzay üzerindeki n parçacık çiftinin ortak durumunun bir izdüşümü olduğundan dolayı Schmidt izdüşümü denir.

İki-durumlu parçacıkların n tane kısmi dolanık çifti Alice ve Bob arasında paylaşılmış ve başlangıç durumu

$$|\psi_{AB}\rangle = \prod_{i=1}^{n}[\cos\theta|\alpha_1(i)\beta_1(i)\rangle + \sin\theta\,|\alpha_2(i)\beta_2(i)\rangle] \qquad (6.1)$$

ile ifade edilmiş olsun. Böyle iki terimli olarak açıldığında bu ifade $\cos^n\theta, \cos^{n-1}\theta\sin\theta, \dots, \sin^n\theta$ şeklinde $n+1$ tane ayrı katsayılı 2^n terimden oluşur. Alice başlangıç durumunu, katsayılarda $\sin\theta$'nın gözüktüğü $k = 1, \dots, n$ kuvvetlerine karşılık gelen $n+1$ dik altuzaydan birisine izdüşüren tamamlanmamış bir von Neumann ölçümü yapar. Alice sahip olduğu parçacıkları ya da Bob sahip olduğu parçacıkları ölçerek yerel olarak bu ölçümü yapabilirler. Alice bazı k çıktılarını elde eden bir ölçüm yapar ve Bob'a hangi çıktıyı elde ettiğini söyler. Alternatif olarak, Bob ve Alice hiçbir iletişime girmiyorsa Bob, yerel olarak kendi ölçümünü yapabilir ve başlangıçtaki dolanıklıktan dolayı, Alice'in sahip olduğu gibi k'nın bazı değerlerini her zaman elde edebilir. Çıkış olasılıkları iki terimli olarak yazılabilir:

$$p_k = \binom{n}{k}(\cos^2\theta)^{n-k}(\sin^2\theta)^k. \qquad (6.2)$$

Bazı k çıktıları elde edildikten sonra Alice ve Bob, orijinal 2^{2n}-boyutlu uzayın bilinmeyen bir $2\binom{n}{k}$-boyutlu altuzayındaki en dolanık bir durumu olan spinlerinin bir ψ_k artık durumunda kalacaktırlar. Böyle durumlar $\binom{n}{k}$-boyutlu ya da daha küçük boyutlu bir Hilbert uzayında güvenli bir uz-aktarım için kullanılabilirler ya da singletler gibi standart bir biçime dönüştürülebilir.

Bu kullanışlı metodu tanımlamadan önce, k ölçümünün bazen orijinal ψ durumundan daha fazla dolanıklık entropisine sahip olan bir ψ_k artık durumunu verdiğine dikkat etmek gerekir. Ama ne k ölçümü ne de parçalardan birisi ya da her ikisiyle yapılan herhangi bir yerel ölçüm Alice ve Bob'un altsistemleri arasındaki beklenen dolanıklık entropisini arttırabilir. Birleşik sistemin bir j klasik çıktısını ve artık bir ψ_j saf durumda Alice tarafından uygulanmış bir ölçümü ya da diğer yerel iyileştirmeleri ele alalım. Bu iyileştirme Bob tarafından algılanan ρ_B indirgenmiş yoğunluk matrisini etkilemez. Eğer etkileseydi Alice'in uyguladığı iyileştirmeye dayalı olarak ışıktan hızlı bir haberleşme kanalı olmuş olurdu. Bu yüzden, artık durum ve klasik çıktılar arasındaki korelasyona bağlı olarak, beklenen artık durumlar dolanıklığı $E(\psi) - H$ ve $E(\psi)$ arasında yer alır. Burada $E(\psi)$ orijinal saf durumun dolanıklığıdır ve $H = -\sum_j p_j \log_2 p_j$ ölçüm çıktılarının Shannon entropisidir. Uygun bir genişletilmiş Hilbert uzayında yapılmış olan Alice'in iyileştirmelerini ele almak gerekirse, Alice'in uygulayabildiği tüm yerel iyileştirmeler (genelleştirilmiş ya da POVM) bu formda düzenlenebilir. Özel olarak, Alice tarafından yapılan üniter dönüşümler, asla Bob'un ρ_B indirgenmiş yoğunluk matrisini değiştirmeyen ve Alice'in sahip olduğu özvektörleri değiştirip özdeğerleri değiştirmeyen tek çıktılı ölçümlere karşılık gelir. Aynı argümanlarla, Bob'un yaptığı yerel eylemler Alice ve kendisinin altsistemleri arasındaki beklenen dolanıklığı arttırmaz.

Alice ve Bob yerel eylemlerle beklenen dolanıklıklarını arttıramamalarına rağmen, başlangıç miktarlarını daha büyük bir miktar elde etme şansı için harcayarak riske atabilirler.

Şimdi, yukarıdaki mükemmel dolanık ψ_k artık durumlarındaki dolanıklığın verimli bir şekilde singletler gibi standart bir biçime nasıl dönüştürülebileceğini göstereceğiz. Bazı küçük pozitif ϵ değerleri sabit olsun. $\epsilon = 0$ mükemmel dönüşüm verimliliğine karşılık gelir. Yukarıdaki k ölçümü her n çift parçalarının üzerinde bağımsız olarak yapılsın. Her bir parça farklı bir k değeri verir. k değerlerinin sonuç dizisi $k_1, k_2, \ldots, k_m$ olsun ve ilk m parça için $\binom{n}{k}$ değerlerinin çarpımı

$$D_m = \binom{n}{k_1}\binom{n}{k_2} \cdots \binom{n}{k_m} \tag{6.3}$$

ile verilmiş olsun. Dizi, birikmiş D_m çarpımları, l'nin bazı kuvvetleri için 2^l ve $2^l(1+\epsilon)$ arasında oluncaya kadar devam ettirilir. Herhangi bir tek-çift E dolanıklığı ve herhangi bir pozitif ϵ değeri için, dizinin 2'nin bir kuvvetine yaklaşmasının hata olasılığı artan m değerleriyle sıfıra gider. Uygun bir D_m değeri bulunduğunda, Alice ya da Bob birleşik bir sistemi iki dik altuzaydan birisine iz düşürmek için yerel bir ölçüm yapar. Öyle ki bu iki altuzay, $2x2^l$ boyutlu geniş bir uzay ve $2(D_m - 2^l) < \epsilon x 2x2^l$ boyutlu küçük bir uzaydan oluşur. ϵ'dan daha küçük bir olasılığın oluştuğu son durumda bir hata meydana gelmiştir ve dolanıklığın tamamı ya da çoğu kaybolmuş olacaktır. $(1-\epsilon)$'dan daha büyük bir olasılığın oluştuğu ilk durumda ise artık durum, birisi Alice tarafından diğeri Bob tarafından tutulan iki 2^l-boyutlu altsistemlerin en dolanık bir durumudur. Schmidt ayrışımı kullanılarak artık durum yerel işlemlerle l singletlerinin bir çarpımına dönüştürülebilir.

6.2 Gürültü Dolanıklığının Saflaştırılması

Kuantum uz-aktarım ve kuantum veri sıkıştırma teknikleri kuantum bilişim teorisinin yeni bir araştırma alanına ışık tutar. Kanal kaynaklarının türünü ve niteliğini anlamak için, klasik iletişimden ziyade bir göndericiden bir alıcıya bozulmamış kuantum durumlarının geçişine ihtiyaç vardır. Bu yaklaşımda, bir S kuantum kaynağı, bilinen p_i olasılıklarını veren ψ_i saf durumlarının bir bütünü olarak gözükür. ψ_i durumları genellikle dik değildirler. Bir kanal aracılığıyla kuantum bilgi geçişi, kanal çıktıları girdilere oldukça yaklaşıyorsa kuantum durumlar için başarılı bir geçiş olarak düşünülebilir. Çünkü dik durumlar, onların durumlarını bozmak dışında gözlenemezler. Bu durumların güvenli geçişleri, bütün geçiş süreçlerinin ψ_i durumlarının doğrudan geçişini bilmek ya da öğrenmek dışında habersizce çalışan fiziksel bir aletle yapılmasını gerektirir (Bennett 1996b).

Klasik veri sıkıştırma teknikleri kaynağın Shannon entropisine asimptotik olarak yaklaşan sinyal başına bitlerin bir sayısını kullanarak klasik bir kaynaktan iletilen veriye izin verilir. Benzer şekilde kuantum veri sıkıştırma da kaynağın

$$S(\rho) = -Tr\rho\log_2\rho \ ; \ \rho = \sum_i |\psi_i\rangle\langle\psi_i|. \qquad (6.4)$$

von Neumann entropisine asimptotik olarak yaklaşan kübitlerin ya da iki-durumlu kuantum sistemlerin bir üyesini kullanarak, asimptotik olarak mükemmel özuygunluğa sahip kuantum veri iletimine izin verir (Bengtsson 2006).

Kuantum uz-aktarım, klasik iletişim ve önsel dolanıklığı doğrudan bir kuantum kanalda yerine koyarak güvenli bir iletimi sağlar. Uz-aktarım kullanılarak, keyfi bir bilinmeyen kübit, önceden gönderici ve alıcı arasında paylaşılmış olan bir en dolanık kübitler (saf bir singlet durumdaki iki spin $-1/2$ parçacığı) çifti ve göndericiden alıcıya 2-bitlik bir klasik mesaj aracılığıyla güvenli bir şekilde iletilebilir.

Kuantum veri sıkıştırma ve kuantum uz-aktarımın her ikisi de, ilk durumda doğrudan kuantum iletim için ve son durumda dolanık parçacıkları paylaşmak için gürültüsüz bir kuantum kanalı gerektirir. Fakat kullanılan kanallar genellikle gürültülüdür. Kuantum bilgi kopyalanamaz olduğundan genel bir yolla hatayı gidermek için fazlalıkları kullanmak imkansız gibi gözükür. Bundan dolayı kuantum hata-düzeltme kodları kullanılmaktadır. Burada doğrudan kaynak durumlarını iletmeyen gürültü kanalı yerine uz-aktarımda kullanmak için dolanık çiftler paylaşılır. Fakat uz-aktarılabilmelerinden önce dolanık çiftler saflaştırılmalıdır. Saflaştırma, gürültü kanalı aracılığıyla iletimden kaynaklanan saf-olmayan dolanık durumlardan hemen hemen mükemmel dolanık durumlar elde etmek veya saf olmayan dolanık durumları en dolanık durumlara çevirmek olarak tanımlanır. Aşağıda iki gözlemcinin bu saflaştırma işlemini yerel üniter işlemler ve klasik mesajlar aracılığıyla eylemlerini düzenleyen paylaşılmış dolanık çiftler üzerinde ölçümler yaparak ve kalanların saflığını arttırmak için dolanık parçacıkların bazılarını tüketerek nasıl yapabildiklerini göstereceğiz. Bu yapıldığında, sonuç hemen hemen mükemmel saf bir durumdur ve mükemmel dolanık çiftler, klasik mesajlı bir birleşimde bilinmeyen bir $|\psi_i\rangle$ kuantum durumunu göndericiden alıcıya yüksek bir özuygunlukla uz-aktarmak için kullanılabilirler. Ayrıca yerel eylemler ve klasik iletişim aracılığıyla gürültülü bir kuantum kanalını gürültüsüz bir kuantum kanalına dönüştürmek gerekir.

M, saflaştırmak istenilen iki spin $-1/2$ parçacığın saf-olmayan genel bir durumu olsun. Başlangıçta saf bir $|\psi^-\rangle = (|10\rangle - |01\rangle)/\sqrt{2}$ singlet durumunun bir ya da her iki parçası gürültülü bir kanal aracılığıyla iki ayrı gözlemci (Alice ve Bob) tarafından paylaşılır. M durumunun saflığı, uygun bir şekilde mükemmel bir singlet için

$$F = \langle\psi^-|M|\psi^-\rangle \tag{6.5}$$

şeklinde tanımlanan özuygunlukla ifade edilebilir. Yerel-olmayan bir şekilde tanımlanmasına rağmen F saflığı, iki spin aynı gelişigüzel eksen boyunca ölçülmüşse elde edilen $P_{||}$ paralel çıktıların olasılığından hesaplanabilir ve $F = 1 - 3P_{||}/2$ sonucu elde edilir.

M durumundan dolanıklık kurtarmak; bazı $|\lambda\rangle$ durumları için $M = |\lambda\rangle\langle\lambda|$ ile verilen iki parçacığın saf bir durumu olan özel M durumundaki en dolanık durumları elde etmek demektir. Böyle bir saf durumda, $E(\lambda)$ dolanıklık niceliği, ayrık olarak düşünülen parçacıklardan birisinin indirgenmiş yoğunluk matrisinin von Neumann entropisiyle tanımlanır:

$$E(\lambda) = S(\rho_A) = S(\rho_B). \tag{6.6}$$

Burada $\rho_A = \mathrm{Tr}_B(|\lambda\rangle\langle\lambda|)$ ile tanımlanır. Benzer şekilde ρ_B de yazılabilir. Saf durumlar için bu dolanıklık etkin bir şekilde singletlere yoğunlaştırılabilir.

Saf-olmayan bir durumdan elde edilen singletler için, saflaştırma protokolünün ilk basamağı Alice ve Bob'un, her paylaşılmış çift üzerinde gelişigüzel bir iki-yanlı dönme yapmalarıdır (aynı sonuçlar aşağıda tanımlanan $\{B_x, B_y, B_z, \mathbb{I}\}$ dönmelerinin sonlu bir kümesinden seçilerek de elde edilebilir). Bu basamak, her parçacık için bağımsız olarak gelişigüzel bir $SU(2)$ dönmesi seçerek ve her iki parçacık çiftine de bu dönmeyi uygulayarak gerçekleştirilir. Bu dönüşüm başlangıçtaki iki-spinli genel bir saf-olmayan M durumunu $|\psi^-\rangle$ singlet durumu ile $|\psi^+\rangle = (|01\rangle + |10\rangle)/\sqrt{2}$ ve $|\Phi^\pm\rangle = (|11\rangle \pm |00\rangle)/\sqrt{2}$ triplet durumların küresel simetrik bir karışımına çevirir:

$$W_F = F|\psi^-\rangle\langle\psi^-| + \frac{1-F}{3}[|\psi^+\rangle\langle\psi^+| + |\Phi^+\rangle\langle\Phi^+| + |\Phi^-\rangle\langle\Phi^-|]. \quad (6.7)$$

İki-yanlı dönmeler altında singletler değişmez olduğundan dolayı F saflığına sahip bir Werner durumu başlangıçtaki M saf-olmayan durumdaki gibi aynı bir F saflığına sahiptir.

Aynı yoğunluk matrislerine sahip iki saf-olmayan durum farklı hazırlanmış olsalar bile fiziksel olarak ayırt edilemezdir. Bundan dolayı saflaştırmanın sonraki adımları orijinal saf-olmayan M durumunun ya da bu durumu üretebilen gürültü kanallarının herhangi özellikleri göz önüne alınmaksızın tamamlanabilir.

Bell durumları sadece yerel üniter işlemlerin birkaç çeşidi altında dönüştüğünden dolayı $|\psi^{\pm}\rangle$ ve $|\Phi^{\pm}\rangle$ ile verilen dört Bell durumunun karışımları özel olarak analiz edilebilirler. Tanımlanmış olan gelişigüzel iki-yanlı dönmelerden başka, diğer birkaç yerel işlem de dolanıklık saflaştırılmasında kullanılabilir.

(i) Dolanık bir çiftteki tek parçacığın tek-yanlı Pauli dönmeleri (yani, x,y ve z eksenleri boyunca π radyanlık dönmeler). Bu işlemler, Bell durumlarını bir diğerine birebir olarak gönderir ve hiçbir durumu değişmez bırakmaz (ayrıntılı bir tablo için Ek 2'ye bakınız). Bütün Bell durumları diğer bir Bell durumuna dönüşür. σ_x dönmesi $|\psi^{\pm}\rangle \leftrightarrow |\Phi^{\pm}\rangle$ dönüşümünü, σ_z dönmesi $|\psi^{\pm}\rangle \leftrightarrow |\psi^{\mp}\rangle$ ile $|\Phi^{\pm}\rangle \leftrightarrow |\Phi^{\mp}\rangle$ dönüşümlerini ve σ_y dönmesi de $|\psi^{\pm}\rangle \leftrightarrow |\Phi^{\mp}\rangle$ dönüşümünü yapar. Argümanları etkilemediğinden dolayı tüm faz değişimleri ihmal edilebilir.

(ii) İki-yanlı $\pi/2$ dönmeleri. x, y ve z eksenleri boyunca bir çiftteki her iki parçacığın sırasıyla B_x, B_y ve B_z dönmeleri. Bu dönmelerin her birisi singlet durumu ve tripletlerden birisini, diğer iki tripleti kendi aralarında değiştirerek, değişmez bırakır. B_x dönmesi $|\Phi^+\rangle \leftrightarrow |\psi^+\rangle$ dönüşümünü, B_y dönmesi $|\Phi^-\rangle \leftrightarrow |\psi^+\rangle$dönüşümünü ve B_z dönmesi de $|\Phi^+\rangle \leftrightarrow |\Phi^-\rangle$ dönüşümünü yapar. Fazlar yine ihmal edilebilir.

(iii) Paylaşılmış iki çiftin karşılık gelen üyeleri üzerinde her iki gözlemci tarafından iki-yanlı olarak yapılmış kuantum-XOR ya da kontrollü-NOT (CNOT) işlemi. Tek-yanlı kuantum-XOR, "kaynak" spin yukarıysa "hedef" spini ters çeviren, diğer durumlarda hiçbir şey yapmayan aynı gözlemci tarafından tutulan iki kübit üzerinde bir işlemdir. Kuantum-XOR üniter bir işlemci olarak şöyle yazılabilir (Barenco 1995):

$$\boldsymbol{U}_{XOR} = |11\rangle\langle 10| + |10\rangle\langle 11| + |00\rangle\langle 00| + |01\rangle\langle 01|. \qquad (6.8)$$

Burada ilk kübitler kaynak spinleri, ikinci kübitler de hedef spinleri gösterir. (6.8) eşitliği $\{|00\rangle, |01\rangle, |10\rangle, |11\rangle\}$ bazlarında matris formunda aşağıdaki gibi yazılabilir:

$$U_{XOR} = U_{CNOT} = \begin{bmatrix} 1 & 0 & 0 & 0 \\ 0 & 1 & 0 & 0 \\ 0 & 0 & 0 & 1 \\ 0 & 0 & 1 & 0 \end{bmatrix}. \qquad (6.9)$$

Kuantum-XOR geçitinin etkisi şu şekilde ifade edilebilir: Kaynak (kontrol) kübit 0 olarak alınırsa hedef kübit XOR işlemi altında değişmeden kalır. Kaynak kübit 1 olarak alınırsa hedef kübit trampa edilir. Yani 0 durumu 1 durumuna, 1 durumu da 0 durumuna dönüşür. Kuantum-XOR geçitinin hesaplama bazlarına etkisi

$$U_{XOR} \begin{bmatrix} |00\rangle \\ |01\rangle \\ |10\rangle \\ |11\rangle \end{bmatrix} = \begin{bmatrix} |00\rangle \\ |01\rangle \\ |11\rangle \\ |10\rangle \end{bmatrix} \qquad (6.10)$$

denklemiyle ifade edilebilir. XOR geçitinin etkisi $U_{XOR}|\mathrm{A},\mathrm{B}\rangle = |\mathrm{A},\mathrm{B} \oplus \mathrm{A}\rangle$ şeklinde özetlenebilir. Burada $\oplus$ işlemi iki-kübitler için mod 2 toplamını gösterir. İki-yanlı XOR Alice ve Bob arasında paylaşılmış iki çiftin karşılık gelen üyeleri üzerinde benzer bir işlem yapar: Alice spin 1 ve spin 3'e sahipse Bob da spin 2 ve spin 4'e sahiptir. Burada spin 1 ve spin 2 kaynak, spin 3 ve spin 4 ise hedeftir. BXOR işlemi, ancak ve ancak spin 1 yukarıysa spin 3'ü trampa eder. Benzer şekilde spin 2 yukarıysa spin 4'ü trampa eder. İki $|\Phi^{+}\rangle$ durumu üzerinde yapılan bir BXOR işlemi her iki durumu da değişmez bırakır. Bell durumlarının diğer birleşimlerine uygulanmış BXOR işlemini sonuçları çizelge 6.1'de gösterilmiştir.

(iv) Bu üniter işlemlerden başka Alice ve Bob farklı türde bir ölçüm yapar: z spin ekseni boyunca verilen bir çiftteki her iki spini de ölçmek. Bu, eksiksiz bir biçimde $|\psi^{\pm}\rangle$ durumlarını $|\Phi^{\pm}\rangle$ durumlarından ayırt eder. Fakat + durumları, − durumlardan ayırt etmez. Tabi ki ölçüm yapıldıktan sonra ölçülmüş çiftler artık dolanık değillerdir.

Özuygunluğu $F > 1/2$ olan iki Werner çifti verilmişse, Alice ve Bob'un özuygunluğu $F' > F$ olan ve $1/4$'den daha büyük olasılıklı bir Werner çifti elde edebilmek için yerel işlemler ve iki-yönlü klasik haberleşme kullanabilecekleri gösterilebilir. Burada F'

$$F' = \frac{F^2 + \frac{1}{9}(1-F)^2}{F^2 + \frac{2}{3}F(1-F) + \frac{5}{9}(1-F)^2} \tag{6.11}$$

tekrarlama bağıntısını sağlar (Bennett 1996b). Bu bağıntının detaylı bir türetilişi Ek 3'te verilmiştir.

Çizelge 6.1 Bell durumlarına uygulanan bir BXOR işleminin sonuçları.

Önce		Sonra (d.y.=değişim yok)	
Kaynak	Hedef	Kaynak	Hedef
$\lvert\Phi^{\pm}\rangle$	$\lvert\Phi^{+}\rangle$	d.y.	d.y.
$\lvert\psi^{\pm}\rangle$	$\lvert\Phi^{+}\rangle$	d.y.	$\lvert\psi^{+}\rangle$
$\lvert\psi^{\pm}\rangle$	$\lvert\psi^{+}\rangle$	d.y.	$\lvert\Phi^{+}\rangle$
$\lvert\Phi^{\pm}\rangle$	$\lvert\psi^{+}\rangle$	d.y.	d.y.
$\lvert\Phi^{\pm}\rangle$	$\lvert\Phi^{-}\rangle$	$\lvert\Phi^{\mp}\rangle$	d.y.
$\lvert\psi^{\pm}\rangle$	$\lvert\Phi^{-}\rangle$	$\lvert\psi^{\mp}\rangle$	$\lvert\psi^{-}\rangle$
$\lvert\psi^{\pm}\rangle$	$\lvert\psi^{-}\rangle$	$\lvert\psi^{\mp}\rangle$	$\lvert\Phi^{-}\rangle$
$\lvert\Phi^{\pm}\rangle$	$\lvert\psi^{-}\rangle$	$\lvert\Phi^{\mp}\rangle$	d.y.

Damıtma işlemi için izlenmesi gereken protokol aşağıda verilmiştir:

(1) Tek-yanlı bir σ_y dönmesi her iki çift üzerinde yapılır. Bu dönme çoğunluktaki $\lvert\psi^{-}\rangle$ Werner durumlarını, özuygunluğu $F > 1/2$ olan $\lvert\Phi^{+}\rangle$ durumlarına çevirir. Benzer şekilde diğer üç Bell durumlarını da eşit olasılıkla başka bileşenlere dönüştürür.

(2) Bir BXOR işlemi iki saf-olmayan $\lvert\Phi^{+}\rangle$ durumu üzerinde yapılır. Bu işlemden yapıldıktan sonra hedef çiftler, yerel olarak z ekseni boyunca ölçülür. Eğer kaynak çiftlerin z spinleri paralel geliyorsa, eğer her iki giriş doğru $\lvert\Phi^{+}\rangle$ durumlarıysa böyle olmalıdır, ölçülmemiş olan kaynak çiftler tutulur. Diğer durumlarda ise atılırlar.

(3) Kaynak çift tutulmuşsa, tekrar bir tek-yanlı σ_y dönmesiyle bir $|\psi^-\rangle$ durumuna geri dönüştürülür. Daha sonra gelişigüzel bir iki-yanlı dönmeyle küresel simetrik hale getirilir (Protokolün tamamı EK 3'te gösterilmiştir).

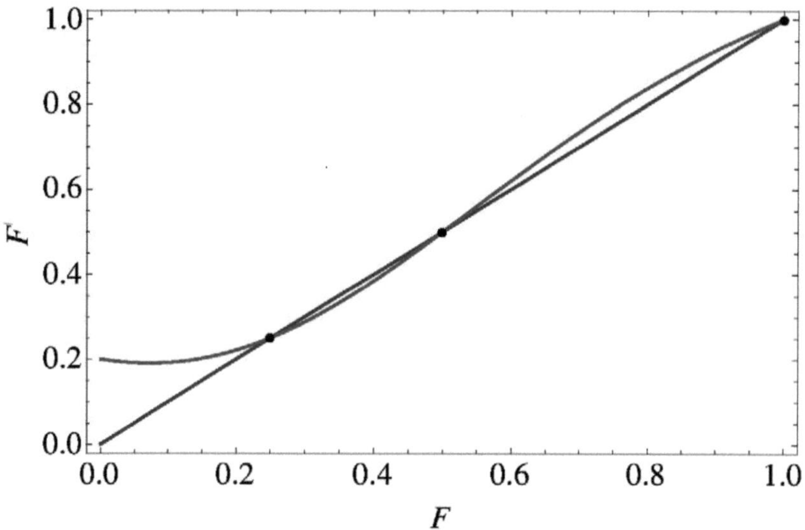

Şekil 6.1 Tekrarlama protokolündeki bir iterasyon

Şekil 6.1'deki eğri çizgi $F'(F)$ grafiğidir. $F = 1/4$, $F = 1/2$ ve $F = 1$ değerlerini aldığında $F'(F)$ de aynı değerleri alır. $F'(F)$, $1/2 < F < 1$ aralığının tamamı üzerinde türevli ve sürekli olduğundan, yukarıdaki protokolün özyinelemesi (iteration), $F_{gir} > 1/2$ özuygunluğuna sahip saf-olmayan M giriş durumun bir kaynağından $F_{çık} < 1$ şeklinde keyfi daha yüksek bir özuygunluğa sahip Werner durumlarına damıtabilir. Verim (saf-olmayan giriş çift başına saflaştırılmış çıkış çiftleri) daha azdır ve $F_{çık} \to 1$ limitinde sıfıra gider.

6.3 İndirgeme Kriteri ve Damıtma Protokolü

PnCP gönderimlerle sağlanan iki önemli ayrılabilirlik kriteri vardır. Bunların ilki,

$$\Lambda^{ind}(\rho) = \mathbb{I}\, Tr(\rho) - \rho \tag{6.12}$$

indirgeme gönderimiyle verilen indirgeme kriteridir (Horodecki 1999). Burada $\mathbb{I}$ birim işlemcidir ve $\rho \geq 0$ olduğundan $\mathbb{I}\, Tr(\rho) - \rho \geq 0$ açıkça sağlanır. Çünkü sol taraftaki işlemcinin tüm özdeğerleri pozitiftir. Bundan dolayı Λ pozitif bir gönderimdir. Bu gönderim ayrıştırılabilirdir ve dolanıklık damıtılması teorisinde önemli bir rol oynar. İki-boyutlu bir Hilbert uzayındaki bir durumda, Bloch küresi temsilindeki bir yansımayı ifade eden bir gönderimdir ve $\sigma_y Tr(\rho)\sigma_y$ şeklinde verilen bir $\mathbb{T}$ transpoz gönderimine eşdeğerdir. Bu, özel olarak, iki-kübitli durumda PPT (Peres kriteri) kriterine tamamen eşdeğer bir ayrılabilirlik şartını sağlar. Genel olarak, Λ^{ind} gönderimiyle üretilmiş $\left[id_A \otimes \Lambda_B^{ind}\right](\rho_{AB}) \geq 0$ indirgeme ayrılabilirlik şartı,

$$\rho_A \otimes \mathbb{I} - \rho_{AB} \geq 0 \tag{6.13}$$

şeklinde yazılabilir. Burada $\rho_A = Tr_B \rho$ ile verilir. Bu kriteri kullanarak, ρ_A işlemcisinin özdeğerlerinin negatif olmadığı doğrulanabilir. Buna eşdeğer ikinci kriter de yazılabilir:

$$\mathbb{I} \otimes \rho_B - \rho_{AB} \geq 0. \tag{6.14}$$

İki şart da yoğunluk matrislerinin indirgemesini içerdiğinden, indirgeme kriteri olarak bunların birleşimleri alınabilir.

Peres kriteri kapsamındaki indirgeme kriterini ele alalım:

$$(id \otimes \mathbb{T})(\rho) \equiv \rho^{T_B} \geq 0. \tag{6.15}$$

Burada $\rho_{m\mu,n\nu}^{\mathbb{T}_B} \equiv \langle e_m \otimes f_\mu | \rho^{\mathbb{T}_B} | e_n \otimes f_\nu \rangle = \rho_{m\nu,n\mu}$ ile verilir ve $\{e_i \otimes f_j\}_{ij}$ herhangi bir çarpım bazıdır. Her iki kriter de $2 \otimes 2$ ve $2 \otimes 3$ durumları için eşdeğerdir. Gerçekten (6.12) gönderimi $2 \otimes 2$ ve $2 \otimes 3$ durumlarında, $\Lambda(\boldsymbol{A}) = \left(\sigma_y \boldsymbol{A} \sigma_y\right)^T$ formundadır. Yüksek boyutlar için, (6.12) gönderimi bir transpoz gönderimi ve tamamen pozitif bir gönderimin bileşimi olabilir. Verilen bir durum, (6.13) kriterini ihlal ediyorsa Peres kriterini de ihlal etmelidir (Horodecki 1996). Gerçekten, ρ işlemcisinin bu koşulu sağladığını varsayalım. Bu durumda, $\sigma \equiv \tilde{\mathbb{T}}\rho \geq 0$ şeklinde tanımlanır. Böylece, herhangi bir tamamen pozitif Λ_{TP} gönderimi için $[I \otimes \Lambda]\left(\tilde{T}(\sigma)\right)$ gönderimi de pozitiftir. Eğer PnCP bir Λ gönderimi $\Lambda = \Lambda_{TP}\mathbb{T}$ (ya da eşdeğer olarak $\Lambda = \mathbb{T}\Lambda_{TP}$) şeklinde yazılabiliyorsa ve bir durum (6.15) koşulunu sağlıyorsa Λ ile kurulan $[id \otimes \Lambda](\rho) \geq 0$

şartını da sağlar. Böylece Λ^{ind} gönderimi ayrıştırılabilir olduğundan, karşılık gelen indirgeme ayrılabilirlik kriteri Peres kriterinden daha zayıftır.

Diğer bir ifadeyle, indirgeme kriterini sağlayan fakat Peres kriterini ihlal eden durumlar vardır. Bunlar $d\otimes d$ sistemli Werner durumlarıdır:

$$W_d = \frac{1}{d^3 - d}\{(d - x)\mathbb{I} + (dx - 1)V\}. \tag{6.16}$$

Burada $-1 \leq x \leq 1$ aralığındadır ve (4.32) denklemiyle tanımlanan V trampa işlemcisi $V\psi\otimes\Phi = \Phi\otimes\psi$ şeklinde etki eder. Durumlar $x < 0$ için ayrılamazdır, yani dolanıktırlar. 2⊗2 boyutlu sistemler için Werner durumları, $\alpha \geq 0$ için en kaotik durum ve singlet durumun bir karışımı olarak

$$W_2 = (1 - \alpha)\frac{\mathbb{I}}{4} + \alpha|\Phi_d\rangle\langle\Phi_d|, \qquad -\frac{1}{3} \leq \alpha \leq 1 \tag{6.17}$$

basit bir şekilde ifade edilir. $d \geq 3$ için, indirgeme kriterini sağlayan fakat Peres kriterini ihlal eden ayrılamaz Werner durumlarının olduğu görülebilir. Ayrıca bu durumlar en karışık indirgemelere sahiptirler ve en büyük özdeğer $1/d$ değerinden daha küçüktür. Böylece (6.13) denklemi ihlal edilmez (Werner durumları için indirgeme kriteri, $d \geq 3$ olmak üzere $2 - d \leq x \leq d$ olarak yazılır).

Werner durumları,

$$\rho \to (U\otimes U)\rho(U^\dagger\otimes U^\dagger) \tag{6.18}$$

şeklindeki gibi üniter bir dönüşüm altında değişmez kalan durumlardır. Yüksek boyutlarda indirgeme kriteri Peres kriterinden daha zayıftır. İndirgeme kriterinin avantajı şudur: Bu kriteri ihlal eden tüm durumlar damıtılabilirler. Ayrıca Peres kriterini ihlal eden iki-kübitli durumlar da damıtılabilirler (Horodecki 1999).

6.3.1 Damıtma protokolü

Buradaki amaç, (6.7) denkleminde verilen şartı ihlal eden durumların damıtılmasıdır. Bu amaçla (6.7) şartı

$$\langle\psi|(\rho_A\otimes\mathbb{I} - \rho_{AB})|\psi\rangle \geq 0, \qquad |\psi\rangle \in \mathbb{C}^d\otimes\mathbb{C}^d, \qquad \||\psi\rangle\| = 1, \tag{6.19}$$

ya da

$$Tr(\rho P_\psi) \leq Tr(\rho_A \rho_A^\psi) \tag{6.20}$$

şeklinde yeniden yazılabilir. Burada $P_\psi = |\psi\rangle\langle\psi|$ ve ρ_A^ψ ise P_ψ izdüşüm işlemcisinin indirgenmiş yoğunluk matrisidir. Eğer P_ψ işlemcisi en dolanık durum olarak alınıp bu durum üzerinden (6.20) denkleminin sol tarafı daha yüksek boyutlara genelleştirilmiş tamamen dolanık durum için bir koşul verir:

$$f(\rho) \equiv \max_\psi Tr(\rho P_\psi). \tag{6.21}$$

Burada maksimum, bütün ψ dolanık durumları üzerinden alınır. Herhangi bir ρ ayrılabilir durumu için bu denklem,

$$f(\rho) \leq \frac{1}{d} \tag{6.22}$$

şeklinde verilir. Bir ρ durumunun belirli bir $|\psi\rangle$ durumu için (6.20) koşulunu ihlal ettiğini varsayalım. Burada $|\psi\rangle$ durumu aşağıdaki gibi tanımlanır:

$$|\psi\rangle = \sum_{m,n} a_{mn} \, |m\rangle \otimes |n\rangle. \tag{6.23}$$

Böyle herhangi bir vektör $|\Phi_d\rangle$ gibi genelleştirilmiş bir en dolanık durumdan elde edilebilir:

$$|\psi\rangle = (A \otimes \mathbb{I})|\Phi_d\rangle. \tag{6.24}$$

Burada $|\Phi_d\rangle$, (4.36) denklemiyle verilen en dolanık durumdur ve $\langle m|A|n\rangle = \sqrt{d}a_{mn}$ şeklinde tanımlanır. $AA^\dagger = d\rho_A^\psi$ olduğu kolaylıkla doğrulanabilir. Tek-yanlı bir $(A^\dagger \otimes \mathbb{I})\rho(A \otimes \mathbb{I})$ işlemiyle ρ durumunun filtrelenmesinden kaynaklanan

$$\rho' = \frac{(A^\dagger \otimes \mathbb{I})\rho(A \otimes \mathbb{I})}{Tr(\rho A A^\dagger \otimes \mathbb{I})} \tag{6.25}$$

yeni ρ' durumu

$$Tr(\rho' P) > \frac{1}{d} \tag{6.26}$$

eşitsizliğini sağlar. Problem, (6.20) özelliğine sahip durumların nasıl damıtılacağıdır. Bu damıtma işlemini yapmak için, iki-kübitli durumlar için kullanılan protokolün genellenmesi gereklidir. İhtiyaç duyulan olan ilk şey, P saf durumunu değiştirmeyen genelleştirilmiş twirling sürecidir. Ama daha yüksek boyutlarda $U \otimes U$ altında değişmez kalan hiçbir durum olmadığından dolayı buradaki twirling işlemi $U \otimes U$ şeklindeki gelişigüzel iki-yanlı üniter bir dönüşümün uygulaması olamaz (Horodecki 1999). Bu yüzden $U \otimes U^*$ gibi gelişigüzel dönüşümler uygulayarak uygun bir genelleme elde edilebilir. Burada (*) işareti seçilmiş herhangi bir bazdaki kompleks eşleniği ifade eder. Herhangi bir ρ durumu için, eğer $Tr(\rho P) = F$ ise twirling işleminden sonra

$$\int (U \otimes U^*) \rho (U \otimes U^*)^{\dagger} \, dU = \rho_{\alpha} \equiv (1-\alpha)\frac{\mathbb{I}}{d^2} + \alpha P,$$

$$\alpha = \frac{d^2 F - 1}{d^2 - 1}, \qquad 0 \leq F \leq 1 \tag{6.27}$$

başlangıçtaki durum gibi aynı F özuygunluğa sahip bir ρ_{α} durumu elde edilir. ρ_{α} durumu ancak ve ancak $F > 1/d$ ise dolanıktır (ayrılamazdır).

Ele alınan durumları damıtmak için kuantum-XOR geçitini genellemek gereklidir. d-boyutta kuantum-XOR geçidi

$$U_{XOR^d} |k\rangle |l\rangle = |k\rangle |l \oplus k\rangle \tag{6.28}$$

şeklinde ifade edilir. Burada $l \oplus k = (l + k) mod\, d$ ile verilir. $|k\rangle$ ve $|l\rangle$ durumları sırasıyla kaynak ve hedef sistemleri tanımlarlar. Protokol şu şekildedir:

(1) İki giriş çiftinden her birisi $U \otimes U^*$ şeklinde gelişigüzel bir iki-yanlı dönmeyle twirling işlemi uygulanır.

(2) Çiftler üzerinde $U_{XOR^d} \otimes U_{XOR^d}$ dönüşümü yapılır.

(3) Hedef çift $|i\rangle \otimes |j\rangle$ bazında ölçülür.

(4) Eğer çıkışlar eşitse kaynak çift tutulur, diğer durumlarda atılır.

Çıkışlar özdeşse, en son elde edilen kaynak çift üzerinde tekrar twirling yapıldığında yeni oluşan durum $\rho_{\alpha'}$ şeklindedir. Burada α',

$$\alpha'(\alpha) = \alpha \frac{[d(d+1)-2]\alpha + 2}{(d+1)[1+(d-1)\alpha^2]} \tag{6.29}$$

eşitliğini sağlar. Bu protokolün daha açık bir hesaplaması Ek 4'te verilmiştir. (6.29) eşitliği $\alpha \in [1/(d+1), 1]$ aralığında artan ve sürekli bir fonksiyondur. Başlangıçtaki özuygunluk $1/d$ değerinden daha büyükse F özuygunluğu artar. Damıtılmış saf dolanıklığın sıfırdan farklı asimptotik bir verimini elde etmek için yukarıdaki protokol tekrarlanmalıdır ve elde edilen sonuç durumu yerel olarak iki-boyutlu uzaylara izdüşürülmelidir. Yeteri kadar yüksek F değerleri için 2×2 sistemlerdeki sonuç durumlar karma (karım) protokol ile damıtılabilirler. İhtiyaç duyulursa elde edilen 2×2 singletler $d \times d$ singletlere değiştirilebilirler.

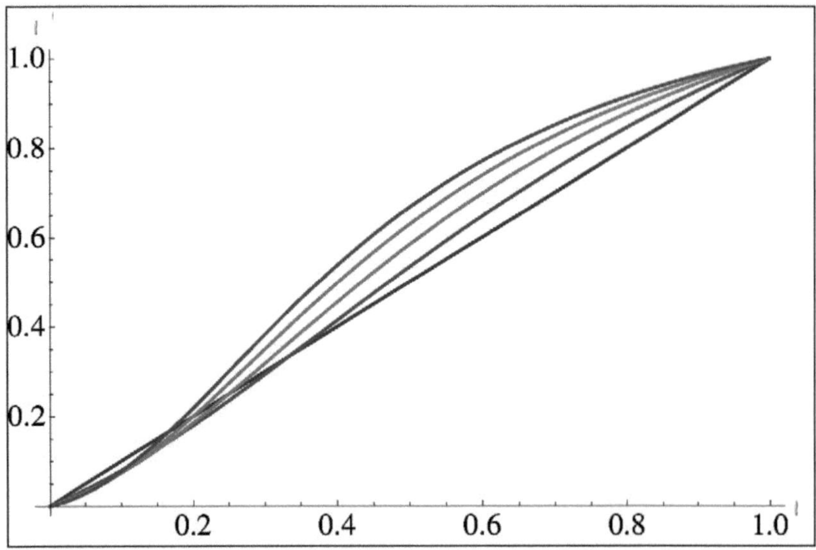

Şekil 6.1 İndirgeme protokolüyle elde edilen damıtma protokolünün d'nin ilk beş değeri için $\alpha'(\alpha)$ grafiği

Özetlenecek olursa, indirgeme kriterini ihlal eden bir durumdaki çok sayıda parçacık çifti verildiğinde ilk olarak bir A işlemciyle verilmiş olan filtreleme protokolü uygulanmalıdır ve filtreleme işleminden geçen çiftlere yukarıda tanımlanan tekrarlama protokolü uygulanmalıdır. Eğer A işlemcisi filtreleme sürecini tanımlamak için varsa normalize olmalıdır. Yani $\|A\| \leq 1$.

İndirgeme kriterini ihlal eden herhangi bir durum damıtılabilir. Bunun tersine, bir durumun aşağıdaki iki adımı içeren bir protokolle damıtılabileceğini varsayalım:

(i) tek-taraflı, tek-çift filtreleme ve (ii) sadece $F > 1/d$ ise bir durumu damıtan protokol. Filtreleme işleminden sonra yeni durum (6.26) denklemini sağlamalıdır. Başlangıç durumu, herhangi bir $|\psi\rangle = (\mathbb{I} \otimes A)|\Phi_d\rangle$ vektörü için (6.19) eşitsizliğini ihlal etmelidir. Burada A filtreyi ifade eder. Böylece bir durum, ele alınan protokol türleri aracılığıyla damıtılabiliyorsa indirgeme kriterini ihlal eder. (6.29) denklemi

$$\alpha = \frac{d^2 F - 1}{d^2 - 1}, \qquad 0 \leq F \leq 1 \tag{6.30}$$

eşitliği kullanılarak d'nin ilk beş değeri için özuygunluğa bağlı olarak şekil 6.3'deki gibi gösterilebilir.

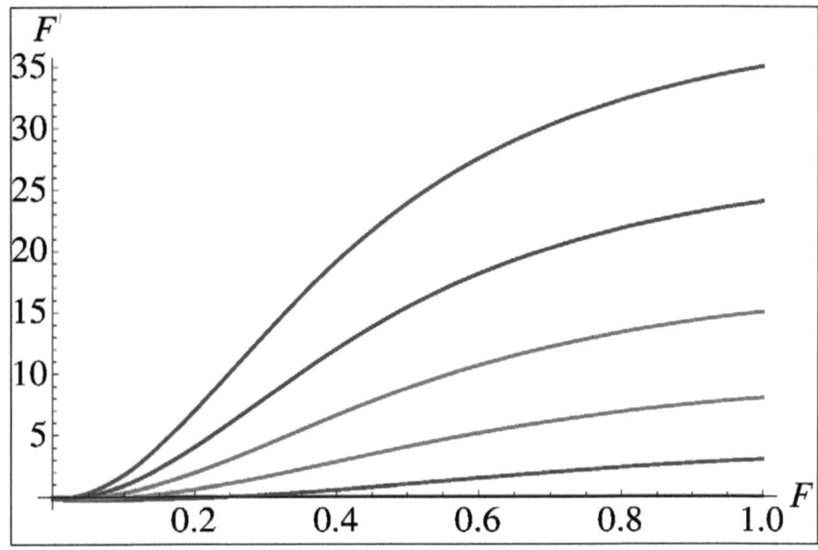

Şekil 6.2 d'nin ilk beş değeri için özuygunluğa bağlı $F' - F$ grafiği

Örnekler (Horodecki 1999)

Burada indirgeme kriteri ve damıtma protokolünün ilk aşaması incelenecektir. Bunun için, $\mathbb{C}^d$ Hilbert uzayını

$$|i\rangle \to |i\rangle \otimes |i\rangle \tag{6.31}$$

şeklinde bir dönüşümle $\mathbb{C}^d \otimes \mathbb{C}^d$ Hilbert uzayına genişletmek gerekir. Bu dönüşüm, $\mathbb{C}^d \otimes \mathbb{C}^d$ üzerinde etki eden bir ρ_e^d durumunu $\mathbb{C}^d$ üzerinde etki eden herhangi bir ρ^d durumuna bağlar. Örneğin $d = 3$ ise

$$\rho^d = \begin{bmatrix} \rho_{11} & \rho_{12} & \rho_{13} \\ \rho_{21} & \rho_{22} & \rho_{23} \\ \rho_{31} & \rho_{32} & \rho_{33} \end{bmatrix} \tag{6.32}$$

ile verilir. Bu durumda ρ_e^d

$$\rho_e^d = \begin{bmatrix} \rho_{11} & 0 & 0 & 0 & \rho_{12} & 0 & 0 & 0 & \rho_{13} \\ 0 & 0 & 0 & 0 & 0 & 0 & 0 & 0 & 0 \\ 0 & 0 & 0 & 0 & 0 & 0 & 0 & 0 & 0 \\ 0 & 0 & 0 & 0 & 0 & 0 & 0 & 0 & 0 \\ \rho_{21} & 0 & 0 & 0 & \rho_{22} & 0 & 0 & 0 & \rho_{23} \\ 0 & 0 & 0 & 0 & 0 & 0 & 0 & 0 & 0 \\ 0 & 0 & 0 & 0 & 0 & 0 & 0 & 0 & 0 \\ 0 & 0 & 0 & 0 & 0 & 0 & 0 & 0 & 0 \\ \rho_{31} & 0 & 0 & 0 & \rho_{32} & 0 & 0 & 0 & \rho_{33} \end{bmatrix} \tag{6.33}$$

formunda yazılabilir. ρ_e^d durumunun indirgemeleri, ρ^d durumunun sıfıra eşit köşegen-dışı kümelerinin her ikisine eşittir. ρ_e^d durumu ancak ve ancak ρ^d durumu köşegen değilse ayrılamaz yani dolanık bir durumdur. ρ^d köşegense ρ_e^d ayrılabilirdir. Diğer bir ifadeyle, Peres kriteri uygulanabilir. Ama iki kriter de durumun nasıl damıtılıp damıtılamayacağını söylemez. $d = 3$ için indirgeme kriterini uygulayalım. Bu durumda

$$\rho_{e,A}^d \otimes \mathbb{I} - \rho_e^d = \begin{bmatrix} 0 & 0 & 0 & 0 & -\rho_{12} & 0 & 0 & 0 & -\rho_{23} \\ 0 & \rho_{11} & 0 & 0 & 0 & 0 & 0 & 0 & 0 \\ 0 & 0 & \rho_{11} & 0 & 0 & 0 & 0 & 0 & 0 \\ 0 & 0 & 0 & \rho_{22} & 0 & 0 & 0 & 0 & 0 \\ -\rho_{21} & 0 & 0 & 0 & 0 & 0 & 0 & 0 & -\rho_{23} \\ 0 & 0 & 0 & 0 & 0 & \rho_{22} & 0 & 0 & 0 \\ 0 & 0 & 0 & 0 & 0 & 0 & \rho_{33} & 0 & 0 \\ 0 & 0 & 0 & 0 & 0 & 0 & 0 & \rho_{33} & 0 \\ -\rho_{31} & 0 & 0 & 0 & -\rho_{32} & 0 & 0 & 0 & 0 \end{bmatrix} \tag{6.34}$$

yazılabilir. ρ_e^d durumu ayrılamaz bir durumsa kriteri ihlal eder. Durum yerinde bir filtreleme ve daha sonra indirgeme protokolü uygulanarak uygun negatif özdeğerlerine karşılık gelen özvektörler hesaplanarak durum damıtılabilir. Böylece $d = 3$ için bu doğrulanabilir. Bu durum $1/3$'ten daha büyük bir özuygunluğa sahip olduğundan dolayı filtreleme işlemine gerek duyulmadan da damıtılabilir.

Şimdi ikinci örnek olarak daha açık bir durum ele alalım. P^3, $d = 3$ olan bir spin singlet durumu göstersin ve $P_{ij} = |i\rangle\langle i|\otimes|j\rangle\langle j|$ olsun. Burada $P^3 = |\Phi_d\rangle\langle\Phi_d|$ ve $|\Phi_d\rangle = \left(1/\sqrt{3}\right)\sum_{i=1}^{3}|i\rangle\otimes|i\rangle$ olarak tanımlanır. Buradaki durum

$$\sigma = pP^3 + (1-p)P_{12}\,, \qquad p \leq \frac{1}{3} \tag{6.35}$$

olarak yazılabilir. Bu durumun tamamen dolanık f kesri $1/3$ değerinden büyük değildir. Bunun için keyfi bir P_ω saf durumlu P durumunun $U_A \otimes U_B$ dönüşümü altındaki izine bakılır. Burada $|\omega\rangle = \sum_{i,j=1}^{d} a_{ij}|i\rangle\,|j\rangle$ ile tanımlanır.

$$\begin{aligned} Tr[P_\omega(U_A\otimes U_B)P(U_A\otimes U_B)^\dagger] &= Tr\left(P_\omega \mathbb{I}\otimes U_B U_A^\dagger P U_A U_B^\dagger\right) \\ &= \left|Tr\left(A_\omega U_B U_A^\dagger\right)\right|^2. \end{aligned} \tag{6.36}$$

Burada A_ω matris elemanları $\{A_\omega\}_{ij} = \sqrt{d}a_{ij}$ şeklindedir. Bir $|\omega\rangle$ saf durumunun tamamen dolanık bir bölümü aşağıdaki formül yardımıyla hesaplanabilir:

$$f(\boldsymbol{P}_\omega) = \left[Tr\left(\sqrt{A_\omega A_\omega^\dagger}\right)\right]^2 = \frac{1}{d}\left(\sum_{i=i}^{d} c_i\right)^2. \tag{6.37}$$

Burada c_i katsayıları $|\omega\rangle$ durumunun Schmidt ayrışım katsayılarıdırlar ve pozitiftirler. Yukarıdaki formülden, çarpım durumlarının tamamen dolanık kesrinin $1/3$'ten daha büyük olamayacağı gösterilebilir. p olasılığının da $1/3$'ten daha büyük olamayacağı varsayıldığından dolayı durumun tamamen dolanık kesrinin $f(\sigma) \leq 1/3$ eşitsizliğini sağladığı gösterilebilir. (6.35) denklemine göre $\sigma_A \otimes \mathbb{I} - \sigma$ matrisi

$$\sigma_A \otimes \mathbb{I} - \sigma = \begin{bmatrix} 1-p & 0 & 0 & 0 & -p/3 & 0 & 0 & 0 & -p/3 \\ 0 & p/3 & 0 & 0 & 0 & 0 & 0 & 0 & 0 \\ 0 & 0 & 1+2p/3 & 0 & 0 & 0 & 0 & 0 & 0 \\ 0 & 0 & 0 & p/3 & 0 & 0 & 0 & 0 & 0 \\ -p/3 & 0 & 0 & 0 & 0 & 0 & 0 & 0 & -p/3 \\ 0 & 0 & 0 & 0 & 0 & p/3 & 0 & 0 & 0 \\ 0 & 0 & 0 & 0 & 0 & 0 & p/3 & 0 & 0 \\ 0 & 0 & 0 & 0 & 0 & 0 & 0 & p/3 & 0 \\ -p/3 & 0 & 0 & 0 & -p/3 & 0 & 0 & 0 & 0 \end{bmatrix} \qquad (6.38)$$

formunda yazılabilir. Bu matrisin

$$|\psi\rangle = \frac{1}{\sqrt{1+2y^2}}(|1\rangle|1\rangle + y|2\rangle|2\rangle + y|3\rangle|3\rangle),$$

$$y = \frac{1}{4p}\left(3 - 10p + 3\sqrt{1 - \frac{4}{3}p + \frac{4}{3}p^2}\right) \qquad (6.39)$$

özvektörüne karşılık gelen özdeğeri negatiftir:

$$\lambda = \frac{1}{2}\left(1 - \frac{4}{3}p - \sqrt{1 - \frac{4}{3}p + \frac{4}{3}p^2}\right). \qquad (6.40)$$

Bu durumdan bazı dolanık durumları damıtabilmek için

$$A = \sqrt{\frac{3}{1+2y^2}}\begin{bmatrix} 1 & 0 & 0 \\ 0 & y & 0 \\ 0 & 0 & y \end{bmatrix} \qquad (6.41)$$

ile verilen yerel bir filtre uygulanabilir. Elde edilen yeni durum aşağıdaki gibi yazılabilir:

$$\sigma' = \frac{1+2y^2}{3-2p+2py^2}\left[pP_+ + \frac{3(1-p)}{1+2y^2}P_{12}\right]$$

$$\equiv p'P + (1-p')P_{12}. \qquad (6.42)$$

Önceki sonuçlardan faydalanarak yeni durumun özuygunluğunun $1/3$ 'ten daha büyük olması gerektiği söylenebilir. Bunu görmek için, bu özel durumda yalnızca $p'/(1-p') > 1/2$ eşitsizliğini göstermek yeterlidir. Bu eşitsizlik

$$3 - 14p + 22p^2 + (3 - 10p)\sqrt{1 - \frac{4}{3}p + \frac{4}{3}p^2} > 0 \qquad (6.43)$$

şeklinde yeniden yazılabilir. $p \leq 1/3$ eşitsizliği kullanılırsa formüldeki son terim $1/3$ değerinden büyüktür. Bu, eşitsizliği doğrudan doğrulamayı sağlar. Böylece filtreleme sürecinde $1/3$'ten daha az bir özuygunluğa sahip giriş durumu $1/3$'ten çok daha büyük bir özuygunluğa sahip duruma dönüştürülebilir. Genelleştirilmiş XOR işlemlerine dayanan protokol uygulanabilir. İşlemin sonucu filtre normalizasyonu seçiminden bağımsızdır. Böylece $\|A\| = 1$ elde etmek için matris bir sabitle çarpılabilir. $p \leq 1/3$ için $y \geq 1$ olduğundan dolayı en uygun filtre

$$A = \begin{bmatrix} \frac{1}{y} & 0 & 0 \\ 0 & 1 & 0 \\ 0 & 0 & 1 \end{bmatrix} \qquad (6.44)$$

ile verilir.

7 KUANTUM BİLİŞİM KURAMINDAKİ UYGULAMALAR

7.1 Kuantum Anahtar Dağılımı

Burada kuantum mekaniğinin tamlığına bağlı olan şifreleme işlemindeki kuantum anahtar dağılımı (QKD) olarak adlandırılan bir güvenlik yöntemi gösterilecektir. Tamlık ifadesi, kuantum betimlemenin incelenen herhangi bir sistem hakkında en fazla olası bilgiyi sağladığını ifade eder. Genelleştirilmiş Bell teoremi (CHSH eşitsizliği) kulak misafiri (Eve) için test edilir. Bu test, anahtar dağılımının deneysel bir perspektiften Bell teoremini test etmek için kurulan deneylerin küçük bir değişikliğiyle pratik bir gerçeklik ortaya koyar (Ekert 1991).

Bir şifreli metnin güvenliği bütünüyle şifreleme ve şifre çözme işlemlerinin gizliliğine dayanır. Fakat günümüzde şifreleme ve şifre çözme işlemlerinde algoritmaların özel bir şifreli yazının güvenliğinden ödün vermeyeceği bir şekilde hiç kimsenin ortaya çıkaramayacağı şifreler kullanılmaktadır. Böyle şifrelerde *anahtar* denilen belirli bir parametreler kümesi, şifrelenen algoritmaya bir giriş olarak açık belgeyle birlikte ve şifre çözme algoritmasına bir giriş olarak şifreli bir yazıyla birlikte elde edilir. Şifreli yazının güvenliği tamamen anahtarın gizliliğine bağlıdır ve çok önemli olan bu anahtar herhangi bir rastgele seçimden oluşabilir. Anahtar oluşturulduğunda sonraki iletişim toplam pasif dinlemeyi savunmasız bırakan genel bir kanal üzerinden şifreli yazıyı göndermeyi sağlar. Ama anahtarı oluşturmak için, başlangıçta hiçbir gizli bilgiyi paylaşmayan iki kullanıcı, Alice ve Bob, belirli bir iletişim bölgesinde sağlam ve güvenli bir kanal kullanmalıdırlar. Dinleme, bu kanal üzerinden kulak misafiriyle yapılmış bir ölçümler kümesidir. Herhangi bir klasik kanal her zaman herhangi bir kulak dinlemenin meydana geldiğinin farkında olan kullanıcılardan bağımsız olarak görüntülenebilir. Bu, kuantum kanallar için böyle değildir. Burada, anahtarla ilişkilendirilmiş herhangi bir "gerçeklik elemanı" olmaksızın anahtarı dağıtan ve kuantum mekaniğinin tamlığıyla öngörülen bir kuantum kanalı tanımlanacaktır.

Kanal, bir spin-singlet durumundaki $\text{spin} - 1/2$ parçacık çiftlerini yayan bir kaynaktan oluşur. Parçacıklar, birbirlerinden ayrıldıktan sonra kanalı kullanan Alice ve Bob'a doğru z ekseni boyunca parçalara ayrılır. Alice ve Bob sırasıyla a_i ve b_j $(i, j = 1, 2, 3)$ birim vektörleriyle verilen üç yönden birisi boyunca ölçümler yaparlar. Kolaylık için a_i

ve b_j vektörleri, parçacıkların yayılma doğrultusuna dik olarak x-y düzleminde bulunsunlar ve $\Phi_1^a = 0$, $\Phi_2^a = \pi/4$, $\Phi_3^a = \pi/2$ ve $\Phi_1^b = \pi/4$, $\Phi_2^b = \pi/2$, $\Phi_3^b = 3\pi/4$ azimut açılarıyla karakterize edilmiş olsunlar. a ve b indisleri sırasıyla Alice ve Bob'un çözümleyicilerini gösterir ve açı, dikey x-ekseninden ölçülmüştür. Alice ve Bob rastgele ve birbirinden bağımsız olarak gelen parçacıkların her çifti için çözümleyicilerin yönünü seçerler. $\hbar/2$ biriminde her ölçüm, $+1$ (spin-yukarı) ve -1 (spin-aşağı) sonuçlarını verebilir ve bir bit bilgi ortaya çıkarabilir:

$$E(a_i, b_j) = P_{++}(a_i, b_j) + P_{--}(a_i, b_j) - P_{+-}(a_i, b_j) - P_{-+}(a_i, b_j). \quad (7.1)$$

Burada $E(a_i, b_j)$ niceliği, Alice'in a_i ve Bob'un b_j boyunca yapmış oldukları ölçümlerin korelasyon katsayısıdır. $P_{\pm\pm}(a_i, b_j)$ ise a_i ve b_j boyunca elde edilmiş olan ± 1 sonuçlarına sahip olasılığı ifade eder. Kuantum mekaniğinin yasalarına göre,

$$E(a_i, b_j) = -a_i, b_j \quad (7.2)$$

eşitliği sağlanmalıdır. Aynı yönde ölçüm yapan iki çözümleyici çifti (a_2, b_1 ve a_3, b_2) için, kuantum mekaniği Alice ve Bob'un elde ettikleri sonuçların toplam antikorelasyonunu öngörür:

$$E(a_2, b_1) = E(a_3, b_2) = -1. \quad (7.3)$$

Şimdi, aşağıdaki CHSH bağıntısıyla verilen farklı yönelimli çözümleyicileri kullanan Alice ve Bob için korelasyon katsayılarından oluşmuş bir nicelik tanımlayalım:

$$B = E(a_1, b_1) - E(a_1, b_3) + E(a_3, b_1) + E(a_3, b_3). \quad (7.4)$$

Üçüncü bölümde de gösterildiği gibi kuantum mekaniği bir üst sınır olarak

$$B = 2\sqrt{2} \quad (7.5)$$

Cirel'son eşitliğini gerektirir. İletim meydana geldikten sonra Alice ve Bob her özel ölçüm için seçtikleri çözümleyicilerin yönlerini aleni olarak açıklarlar ve ölçümleri iki ayrı gruba ayırırlar. İlk grup çözülmeyicilerin farklı yönelimlerini ikinci grup ise çözülmeyicilerin aynı yönelimlerini kullandıkları gruptur. Bir parçacığın durumunu ifade etmek için Alice veya Bob'dan birisinin veya her ikisinin de başarısız olduğu hiçbir ölçüm atılmaz. Alice ve Bob sadece ilk ölçüm grubundan elde ettikleri sonuçları açıklarlar. Bu, B'nin değerini belirlemelerine izin verir. Parçacıklar doğrudan veya dolaylı olarak "rahatsız edilmemişse", sonuçlar (7.5) denklemiyle aynıdır. Bu sonuç, antikorele olan ikinci ölçüm gruplarından elde ettikleri sonucu onlara garanti eder ve böylece bilgiyi gizli bitlerin dizisine yani bir anahtara çevirebilmelerini sağlar. Bu gizli anahtar, Alice ve Bob arasında klasik şifreli bir haberleşmede kullanılabilir.

Kulak misafiri, Eve, kaynaktan Alice ve Bob'a doğrudan bilgi geçerken parçacıklardan hiçbir bilgi edinemez. Basitçe, orada kodlanmış hiçbir bilgi yoktur. Bilgi, sadece Alice ve Bob ölçüm yapıp sonrasında açık bir şekilde iletişime geçtikten sonra "var olur". Eve, Alice ve Bob'u yanlış yönlendirip kendi hazırlamış olduğu veriyi onların verilerinin yerine koymayı deneyebilir. Fakat verilen bir parçacık çifti için seçilecek olan çözümleyicilerin yönelimini bilmediğinden, belirlenmiş olan yönelimden kurtulmak için hiçbir iyi strateji yoktur. Bu durumda, onun müdahalesi spin bileşenlerinin ölçümlerini fiziksel gerçeklik elemanlarına tanıtmaya eşdeğer olacaktır. Korelasyon katsayıları uygun bir şekilde denklem (7.4)'e yazılırsa kolaylıkla görülebilir. Sonuçta

$$B = \int \rho(n_a, n_b) dn_a dn_b \, [(a_1 \cdot n_a)(b_1 \cdot n_b) - (a_1 \cdot n_a)(b_3 \cdot n_b)$$

$$+(a_3 \cdot n_a)(b_1 \cdot n_b) + (a_3 \cdot n_a)(b_3 \cdot n_b)] \qquad (7.6)$$

bağıntısı elde edilir. Burada n_a ve n_b, a ve b parçacıkları için, verilen bir parçacığın spin bileşenleri hakkında Eve'in bilgi edindiği kuantizasyon eksenlerinin yönleri boyunca yönelmiş iki birim vektördür. Boylandırılmış olasılık ölçümü $\rho(n_a, n_b)$, kulak misafirinin stratejisini (farklı bir yönelim için verilen bir yön boyunca bir spin bileşeni durdurma olasılığı) betimler. Sadece tek bir parçacık n_a yönü boyunca Eve tarafından yapılmış olan ölçümü açığa çıkarırsa, denklem (7.6) daki özel bir durum için $n_b = -n_a$ yazılabilir.

a_1, a_3 ya da b_1, b_3 birim vektörlerine sahip verilen bir yönelim için yapılan bir hesaplama

$$B = \int \rho(n_a, n_b) dn_a dn_b \, [\sqrt{2} n_a \cdot n_b] \qquad (7.7)$$

bağıntısını verir ve burada

$$-\sqrt{2} \leq B \leq \sqrt{2} \quad (7.8)$$

eşitsizliği sağlanmalıdır. Ayrıca bu eşitsizlik, $\rho(n_a, n_b)$ ölçümüyle tanımlanmış herhangi bir durum için denklem (7.5) ile çelişir. Bu yol, genelleştirilmiş Bell teoreminin şifrelemede özel bir uygulaması olabileceğini gösterir. Yani, anahtar dağılımının güvenliği test edilebilir.

Protokol kısaca şöyle açıklanabilir: Alice ve Bob ortak bir kaynaktan elde ettikleri EPR çiftlerini belirli bazlarda ölçerek (anti)korele bitlerin bir dizisini elde ederler. Buna anahtar denir. Güvenli olup olmadığını doğrulamak için seçilmiş bir çiftte Bell eşitsizliklerini kontrol ederler. Eğer Eve, Alice ve Bob'un ölçümlerinde elde ettikleri değerleri biliyorsa; bu aslında değerlerin ölçümden önce var olduğu anlamına gelir ve böylece Bell eşitsizlikleri ihlal edilmemiştir. Bell eşitsizlikleri ihlal edilmezse değerler Alice ve Bob'un ölçümünden önce yoktur. Böylece Alice ve Bob'un varlığını kimse bilmiyormuş gibidir (Ekert 1991).

Kuantum anahtar dağılımı fikrinden sonra kuantum şifrelemedeki araştırmalar iki bölüme ayrılmıştır. Birincisi; Alice ve Bob'un iyi bir EPR çiftini paylaştıkları bilinirse Bell eşitsizliklerinin davranışının nasıl olduğudur. Bu özellik gizlilik için gerekli olduğundan çok önemlidir. Eğer Alice ve Bob doğru bir EPR durumuna sahipseler, hiç kimse onların ölçümlerinin sonuçlarını bilemez. Bu durumda Eve kuantum mekaniğinin kurallarına uyar. İkincisi ise Bell eşitsizliklerini ihlal eden bir EPR durumunun yabancı korelasyonların kaynağı gibi davranmasıdır. Bu, kuantum mekaniğinin kurallarına uymak zorunda olmayan Eve'e karşı, ışıktan-hızlı olmayan iletişim ilkesi tanımına götürür. Bu protokol kayıtsız şartsız bir güvenlik protokolüdür.

7.2 Kuantum Yoğun Kodlama

Kuantum bilişim teorisinin birçok uygulama alanında önemli bir rol oynayan erişilebilir bilgi üzerinde kullanışlı bir üst sınır vardır. Bu sınır Holevo sınırıdır. Kabaca söylemek gerekirse; bir kübit, en çok bir bit klasik bilgiyle taşınabilir. Alice $p_0, \ldots, p_n$olasılıklara sahip ρ_X durumunu hazırlasın. Burada $X = 0, \ldots, n$ şeklinde tanımlanır. Bob bu durum üzerinde ölçüm sonucu Y olan $\{E_y\} = \{E_0, \dots, E_n\}$ şeklinde bir POVM tanımlayarak bir ölçüm yapar. Holevo sınırı, Bob'un yapabileceği böyle herhangi bir ölçüm için

$$H(X:Y) \leq S(\rho) - \sum_i p_x S(\rho_x) \ , \ \rho = \sum_x p_x \rho_x, \tag{7.9}$$

eşitsizliğinin sağlanması gerektiğini söyler. Yukarıdaki eşitsizliğin sağ tarafında gözüken nicelik Holevo $-\ \chi$ niceliğidir ve bazen χ ile de gösterilir (Jaeger 2007).

1992'de Bennett ve Wiesner, Holevo sınırından kurtulabilen ve kuantum yoğun kodlama olarak adlandırılan temel bir kavram keşfetmişlerdir. Kuantum yoğun kodlama, tek bir önsel dolanık kübit göndererek iki klasik bit iletmeyi sağlar (Bennett 1992). Bilginin miktarı ya da bitlerin sayısını tek bir kübitte kodlayabilme protokolü şu şekildedir: Eğer Alice $|0\rangle$ ve $|1\rangle$ gibi iki durumu ya da eşit olasılıklı bu iki dik durumdan birisini seçerse bu işlem başarıyla yapılabilir. Bir σ_z ölçümü bit değerini ortaya çıkaracaktır. Bu protokolde kübit, tamamen klasik bir bitin fiziksel bir yorumu gibidir. İki kübit varsa, bunlar üzerinde iki bit bilginin tamamı kodlanabilir. Bunu yapmak için genel yol; iki terimli 00, 01, 10 ve 11 ile temsil edilen $|00\rangle$, $|01\rangle$, $|10\rangle$ ve $|11\rangle$ durumlarını kullanmaktır. Fakat bu durumların yerine bunların bir üst üste gelimi olan Bell durumlarını kullanmak daha kullanışlı olacaktır:

$$|\psi_{12}^{(\pm)}\rangle = \frac{1}{\sqrt{2}}(|01\rangle \pm |10\rangle),$$

$$|\Phi_{12}^{(\pm)}\rangle = \frac{1}{\sqrt{2}}(|00\rangle \pm |11\rangle). \tag{7.10}$$

Eğer Alice Bob'a iki klasik bitlik bilgi göndermek için bu durumları kullanırsa, ilk olarak bu olası durumların her birinde bir kübit çifti hazırlayacak şekilde bir araç geliştirmelidir. Bunu yapmanın ilginç bir yolu kübitleri $|\psi^-\rangle$ durumunda hazırlamaktır ve ilk kübite $\mathbb{I}, \sigma_x, \sigma_y$ ve σ_z Pauli işlemcilerinden birisini uygulamaktır:

$$(\mathbb{I}\otimes\mathbb{I})|\psi^-\rangle = |\psi^-\rangle$$

$$(\sigma_x\otimes\mathbb{I})|\psi^-\rangle = -|\Phi^-\rangle$$

$$(\sigma_y\otimes\mathbb{I})|\psi^-\rangle = i|\Phi^+\rangle$$

$$(\sigma_z \otimes \mathbb{I})|\psi^-\rangle = |\psi^+\rangle. \quad (7.11)$$

Bu durumların faz çarpanları gözlenemezdir. Bu yüzden $|\psi^-\rangle$ Bell durumu yalnız ilk kübit üzerine etki eden herhangi bir üniter dönüşüm aracılığıyla diğer üç durumdan herhangi birisine dönüştürülebilir.

Alice ve Bob bir e-biti[7] paylaşıyorsa, Alice'in Bob'a iletim için iki kübit hazırlaması gerekli değildir. Örneğin, Alice ve Bob'un $|\psi^-\rangle_{AB}$ Bell durumunda hazırlanmış bir kübit çifti formundaki bir e-biti paylaştıklarını varsayalım. Alice, dört Pauli işlemcisinden birisiyle kendi kübiti üzerinde işlem yaparak bu durum üzerindeki iki bitlik bilgiyi kodlayabilir. Alice bu tek kübiti Bob'a gönderirse, iki kübit üzerindeki Bell durum bazlarında bir ölçüm yaparak, Bob iki bit bilgiyi geri kazanacaktır. Tek bir kübit üzerindeki dört bit bilgiyi kodlamayı sağlayan bu olguya kuantum yoğun kodlama (ya da kuantum süper yoğun kodlama) denir. Kuantum yoğun kodlama için iki kübite ihtiyaç vardır. Fakat bunlar Alice ve Bob arasında paylaşılmış önsel bir e-bitten oluşur. Önemli bir özellik de şudur: Mesaj seçildikten sonra Alice'in Bob'a sadece bir kübit göndermesi yeterlidir.

Kuantum yoğun kodlamadaki iki bitlik bilgi nerededir sorusu ilginçtir. Klasik bitle, iki bitlik bilginin her biri iki altsistemden birisinde bulunmalıdır. Böyle bitler arasındaki önsel korelasyonlar kullanarak, Alice'in Bob'un bit değerini değiştiremeyeceği gibi yoğun kodlama da yapılamayabilir. Bilgiyi göndermek için bir çift klasik bit arasındaki korelasyonlar kullanılabilir. Fakat iletilmiş maksimum bilgi miktarı sadece bir bittir. Bir bit çifti arasındaki iki olası (mükemmel) korelasyon, bit değerlerinin aynı (00 ya da 11) olduğu ya da bit değerlerinin farklı (01 ya da 10) olduğu korelasyonlardır. Alice ve Bob bu yolla korele bir çift biti paylaşıyorsa Alice kendi bit değerini trampa ederek (flip) ya da onu değiştirmeden ve sonra onu ileterek Bob'a sadece bir bit bilgi iletebilir.

Kuantum yoğun kodlamada, Bob'un kendi tek kübiti üzerinde yaptığı ölçüm tamamen gelişigüzel bir sonuç verecektir ve bu

$$\rho_B = \frac{1}{2}\mathbb{I} \quad (7.12)$$

[7] İki-parçalı en dolanık durumların altsistemlerinin herhangi birisi üzerinden parçalı izi en saf-olmayan durumu verir. von Neumann entropisinin maksimum değeri ln 2 olarak tanımlanır. Böyle bir durumdaki dolanıklığın miktarı bir e-bit olarak adlandırılır (Vedral 2006).

indirgenmiş yoğunluk işlemcisiyle tamamen tutarlı bir sonuçtur. Bu yoğunluk işlemcisi üniter bir dönüşüm yapan Alice'in işlemleriyle değişmez. Bu, sinyal-gönderememe teoremiyle de uyumludur. Benzer şekilde, Alice dönüşümü seçmiş olsa bile bitler, Alice tarafından kurtarılamaz ya da doğrulanamazlar. Bu, Alice'in kübitinin indirgenmiş yoğunluk işlemcisinin $\rho_A = \mathbb{I}/2$ olmasından kaynaklanır ve bu, Pauli işlemcileri gibi üniter dönüşümlerle değiştirilemez. Ne Alice ne de Bob tek başlarına etki ederek kodlanmış bitleri kurtaramazlar. Sadece Alice kübitini ilettikten sonra, Bob kübitleri birleştirilerek iki bit bilgiyi kurtarabilir. Dört bit, iki-kübitli bir dolanık durumda yerel-olmayacak bir şekilde bulunabilir. Bilginin tamamı kübitler arasındaki kuantum korelasyonlarda bulunur.

İki kübitten daha fazla kübite sahip daha kompleks bir dolanık durumda yoğun kodlama işlemiyle tek bir kübit üzerinde iki bit bilgiden daha fazla bilgi kodlanıp kodlanamayacağı da başka bir sorudur. Bu soruyu cevaplamak için, Alice'in tek bir kübite ve Bob'un da birkaç kübite sahip olduğunu varsayalım. Bu kübitler saf bir durumda

$$|\psi\rangle_{AB} = \frac{1}{\sqrt{2}}(|0\rangle_A|\chi_0\rangle_B - |1\rangle_A|\chi_1\rangle_B) \tag{7.13}$$

hazırlanmış olsunlar. Alice'in kübiti ve Bob'un sistemi arasındaki bu durum için bir Schmidt ayrışımı olacaktır. Bu durumun Schmidt formunda yazılmış olduğunu varsayalım. Burada $\langle\chi_0|\chi_1\rangle = 0$ şeklinde ifade edilir. Alice kendi kübitine dört Pauli işlemcisinden birisini uygularsa sonuç, dört dik durumdan birisi olur. Ayrıca bu dört durum $|0\rangle_A|\chi_0\rangle$, $|0\rangle_A|\chi_1\rangle$, $|1\rangle_A|\chi_0\rangle$ ve $|1\rangle_A|\chi_1\rangle$ ile verilen dört durumla gerilmiş durum uzayını boşaltır ve böylece Alice'in kendi kübitini ileterek Bob'a gönderebileceği bilginin maksimum miktarı ifade edilir. Bob'un sistemi $|\chi_0\rangle$ ve $|\chi_1\rangle$ tarafından gerilmiş iki boyuttan daha büyük boyutlu bir durum uzayında kalacaktır. Fakat sinyal-gönderememe teoremi Bob'un sisteminin sadece $|\chi_0\rangle$ ve $|\chi_1\rangle$ şeklinde iki durumun bir karışımında kalmasını gerektirdiğinden Alice bundan faydalanamayacaktır. Denklem (7.13)'deki durum, $|\chi_0\rangle$ ve $|\chi_1\rangle$ şeklinde iki dik durumla gerilmiş Bob'un bölgesindeki etkin bir iki-durumlu sistem ve Alice'in kübiti arasındaki maksimal dolanık bir durum olarak sadece bir e-bit meydana getirir. Kübit başına iki bit göndermek maksimum başarı elde etmeyi sağlar ve bu, kübitin Alice ve Bob arasında paylaşılmış önsel bir e-bitin parçası olmasını gerektirir.

Kuantum yoğun kodlamanın Holevo sınırıyla çelişmemesinin nedeni, iletilmiş kübitin Bob'un kübitiyle önsel bir dolanıklığa sahip olmasındandır. Bir bütün olarak iki kübit gönderilmiştir: Bir Bell durumu paylaşılmıştır. Potansiyel iletişimin bir bitini göndermeye karşılık gelen singlet durumun ilk yarısını göndermek şeklinde de ifade edilebilir (kanal daha ucuz olduğundan gece denilebilir). Böylece gelecekte iki bit iletme olasılığı oluşturulur. Bu anda Alice, gelecekte Bob'a ne söyleyeceğini bilemeyebilir. Gün boyunca ne söyleyeceğini bilir fakat kanal pahalı olduğundan sadece bir kübit gönderebilir. Yani, asıl iletişimin sadece bir bitini gönderir ama aynı zamanda doğru potansiyel iletişimi gerçekleştirir. Böylece toplamda iki bit iletilir.

Bu açıklama, akım teknolojisinin depolanan Bell durumları için iyi bir kuantum hafızaya sahip olduklarını varsayar. Orijinal yoğun kodlama protokolünde Alice ve Bob en dolanık saf bir durumu paylaşırlar. Kuantum yoğun kodlamanın ilk uygulaması kutuplanma-dolanık fotonların bir kaynağı kullanılarak yapılmıştır. Daha sonraki uygulamalar ise şunlardır: İki-kipli sıkıştırılmış bir vakum durumu için yoğun kodlama, sürekli bir değişken için bir Bell durumuyla kontrollü yoğun kodlama ve nükleer manyetik rezonans (NMR) kullanılarak yoğun kodlama (Gerry 2005).

7.3 Kuantum Uz-aktarım

Bilinmeyen bir $|\Phi\rangle$ kuantum durumunun taşıdığı saf klasik bilgi ve klasik-olmayan EPR korelasyonları birbirinden ayrıştırılarak uzaktaki başka bir parçacığa aktarılabilir. Bunu yapabilmek için, gönderici (Alice) ve alıcı (Bob) korele bir EPR parçacık çiftini önceden hazırlamalıdırlar. Alice, kendi EPR parçacığı ve bilinmeyen bir kuantum sistemi üzerinde birleşik bir ölçüm yapar ve bu ölçümün klasik sonuçlarını Bob'a gönderir. Bunların ışığında Bob, kendi EPR parçacığını Alice'in bozduğu bilinmeyen $|\Phi\rangle$ durumunun tam bir kopyasına dönüştürebilir (Bennett 1993).

Einstein-Podolsky-Rosen (EPR) parçacık çiftlerinin uzaysal olarak ayrılmış olması ve bu çiftler arasındaki korelasyonlarının varlığı, bilgi transferi için bu çiftlerin kullanımları sorusunu ortaya çıkarmıştır. Einstein bu kavramı ifade etmek için "telepatik" kelimesini kullanmıştır. Anlık bilgi transferinin kesinlikle imkansız olduğu bilinir. Buna karşın EPR korelasyonları, bozulmamış bir kuantum durumunun bir yerden başka bir yere uz-aktarımında yardımcı olabilirler. Öyle ki göndericinin, ne uz-aktarılacak olan durumu ne de alıcının yerini bilmesine gerek yoktur.

Bir gözlemcinin (Alice), bilinmeyen bir $|\Phi\rangle$ durumunda hazırlanmış bir foton veya bir spin $-$ $1/2$ parçacığı gibi bir kuantum sistemi ile verilmiş olduğunu varsayalım. Ayrıca Alice'in kendi durumunun kesin bir kopyasını yapması için Bob'a kuantum durumunu iletmek istediğini varsayalım. $|\Phi\rangle$ durum vektörünün kendisi bilinirse kesin bilgi gönderilebilir fakat genellikle durum vektörü bilinmez. Sadece Alice verilmiş bir ortonormal kümeye ait olan $|\Phi\rangle$ durumunu önceden bilirse; $|\Phi\rangle$ durumunun kesin bir kopyasını yapmak için kendisine izin verecek sonuçları olan bir ölçüm yapabilir. Tersine, $|\Phi\rangle$ durumu için olasılıklar iki veya daha fazla dik-olmayan durum içerir. Böylece, mükemmel bir kesin ölçüm hazırlamak için yeterli bilgiyi verecek hiçbir ölçüm yoktur.

$|\Phi\rangle$ durumundaki tüm bilgiyi Bob'a aktarmak için Alice'in yapması gereken açık yollardan birisi parçacığın kendisini göndermek olabilir. Eğer Alice orijinal parçacığı iletmekten kaçınmak istiyorsa, başka bir sistemle üniter olarak etkileşmeye girmek yolunu ya da başlangıçta bilinen $|a_0\rangle$ durumundaki bir "yardımcı (*ancilla*)" kullanabilir. Böyle bir yolla etkileşmeden sonra orijinal parçacık standart bir $|\Phi_0\rangle$ durumunda kalır ve yardımcı $|\Phi\rangle$ hakkında tamamlanmış bilgi içeren bilinmeyen bir $|a\rangle$ durumundadır. Alice yardımcıyı Bob'a gönderirse (teknik olarak orijinal parçacığı göndermekten daha kolaydır), Bob Alice'in orijinal $|\Phi\rangle$ durumunun bir kopyasını hazırlamak için Alice'in eyleminin tersini yapabilir. Bu spin-değiştirme ölçümü kuantum bilginin temel bir özelliğini gösterir: Bir sistemden başka bir sisteme trampa yapılabilir. Fakat kopyası çıkarılamaz. Bu bakış, kopyası çıkarılabilen klasik bilgiden tamamıyla farklıdır. Klasik-olmayan kuantum bilginin en somut belirtisi, EPR durumları üzerindeki deneylerde gözlenmiş olan Bell eşitsizliklerinin ihlalidir. Diğer belirtiler kuantum şifreleme olasılığını, kuantum paralel hesaplama ve özdeş olarak hazırlanmış bir parçacık çiftinden bilgi çıkarmak için birbirini etkileyen ölçümlerin varlığını içerir.

Bob'a tüm bilgiyi göndermenin spin-değiştirme yöntemi, klasik ve klasik-olmayan bilgiyi birlikte bir araya toplamayı sağlar. Aşağıda, Alice'in $|\Phi\rangle$'de kodlanmış olan tüm bilgiyi saf klasik bilgi ve diğer saf klasik-olmayan bilgi şeklinde iki parçaya nasıl ayırabildiğini ve ayrıca iki farklı kanal aracılığıyla Bob'a onları nasıl gönderebileceği gösterilecektir. Bu iki iletim gönderim işlemiyle Bob, $|\Phi\rangle$'nin kesin bir kopyasını kurabilir. Alice'in orijinal $|\Phi\rangle$ durumu kopyalanamama teoremi gereğince bu süreçte ortadan kalkar. Bu süreç, bir insanı veya bir nesneyi yok edip eksiksiz bir kopyasını başka bir yerde ortaya çıkarmak anlamına gelen ve bir bilim-kurgu terimi olan uz-aktarım (teleportation) terimiyle tanımlanacaktır. Kullanılacak olan uz-aktarım kavramı bazı bilim-kurgu kavramlarından farklı olarak hiçbir fiziksel kanunu tanımlamaz. Özellikle, anlık meydana gelme ya da uzaysal bir ses aralığı olamaz. Çünkü bu arada Alice'den Bob'a klasik bir bilgi göndermek gerekir. Uz-aktarımın net sonucu tamamıyla sıradandır: Alice'in "elinden" $|\Phi\rangle$'yi çıkarma ve daha sonra uygun bir zamanda Bob'un "ellerinde" görünmesi. Dikkate değer bir başka özellik de, $|\Phi\rangle$'deki bilginin klasik ve klasik-olmayan parçalara açıkça ayrılmış olmasıdır. İlk olarak, bir $\mathrm{spin}-1/2$ parçacığın $|\Phi\rangle$ kuantum durumunun nasıl uz-aktarılabileceği gösterilecektir. Daha sonra daha kompleks durumların uz-aktarımı tartışılacaktır.

İlk olarak klasik-olmayan parça iletilir. Bunu yapabilmek için, iki $\mathrm{spin}-1/2$ parçacık bir EPR singlet durumunda hazırlanır:

$$|\psi_{23}^{(-)}\rangle = \frac{1}{\sqrt{2}}(|10\rangle - |01\rangle). \tag{7.14}$$

2 ve 3 alt indisleri bu EPR çiftindeki parçacıkları etiketler. Alice'in Bob'a göndermeye çalıştığı orijinal durumu yani $|\Phi\rangle$ bilinmeyen durumu gerektiğinde 1 alt indisiyle gösterilecektir. Bu üç parçacık farklı türlerde olabilirler. Örneğin; spin özellikleri olarak kutuplanma serbestlik derecesi aynı cebire sahip bir veya daha fazla foton olabilirler.

Bir EPR parçacığı (2. parçacık) Alice'e, diğeri de (3. parçacık) Bob'a verilir. Bu, Alice ve Bob arasındaki klasik-olmayan korelasyonların olasılığını oluşturmasına rağmen, bu aşamadaki EPR çifti $|\Phi\rangle$ hakkında hiçbir bilgi içermez. Ayrıca Alice'in bilinmeyen 1. parçacığı yani uz-aktarılacak olan parçacığın durumu ve EPR çiftinden oluşan bütün bunlar arasındaki kuantum dolanıklığı içeren $|\Phi_1\rangle|\psi_{23}^{(-)}\rangle$ şeklinde saf bir çarpım durumundadır. Bu nedenle, EPR çiftinin birisi ya da her ikisi üzerinde yapılan hiçbir ölçüm $|\Phi\rangle$ hakkında herhangi bir bilgi vermez. Bu iki altsistem arasındaki dolanıklık sonraki adımlarda meydana getirilir.

EPR çiftiyle ilk parçacığı birleştirmek için; Alice, 1. parçacık ve 2. parçacığı içeren bileşik sistem üzerinde von Neumann tipi tam bir ölçüm yapar. Bu ölçüm, $|\psi_{12}^{(-)}\rangle$'yi içeren Bell bazlarında yapılır.

$$|\psi_{12}^{(\pm)}\rangle = \frac{1}{\sqrt{2}}(|10\rangle \pm |01\rangle)$$

$$|\Phi_{12}^{(\pm)}\rangle = \frac{1}{\sqrt{2}}(|11\rangle \pm |00\rangle). \qquad (7.15)$$

Bu dört durum 1. ve 2. parçacık için tam bir ortonormal bazlardır. Gönderilmek istenilen ilk parçacığın durumu

$$|\Phi_1\rangle = a|1_1\rangle + b|0_1\rangle, \qquad |a|^2 + |b|^2 = 1, \qquad (7.16)$$

şeklinde tanımlanır. Alice'in ölçümünden önceki üç parçacığın tam durumu,

$$|\Psi_{123}\rangle = \frac{a}{\sqrt{2}}(|1_1\rangle|1_2\rangle|0_3\rangle - |1_1\rangle|0_2\rangle|1_3\rangle) + \frac{b}{\sqrt{2}}(|0_1\rangle|1_2\rangle|0_3\rangle - |0_1\rangle|0_2\rangle|1_3\rangle) \quad (7.17)$$

ile ifade edilir. Burada alt indisler durumun hangi parçacığa ait olduğunu gösterir.

Bu denklemdeki bütün çarpım ifadeleri $|\psi_{12}^{(\pm)}\rangle$ ve $|\Phi_{12}^{(\pm)}\rangle$ ile verilen Bell işlemcisi baz vektörlerine açılabilir. Böylece,

$$|\Psi_{123}\rangle = \frac{1}{2}\Big[|\psi_{12}^{(-)}\rangle(-a|1_3\rangle - b|0_3\rangle) + |\psi_{12}^{(+)}\rangle(-a|1_3\rangle + b|0_3\rangle)$$

$$+ |\Phi_{12}^{(-)}\rangle(a|0_3\rangle + b|1_3\rangle) + |\Phi_{12}^{(+)}\rangle(a|0_3\rangle - b|1_3\rangle)\Big] \qquad (7.18)$$

durum vektörü elde edilir. Bilinmeyen $|\Phi_1\rangle$ durumu dikkate alınmazsa, dört ölçüm sonucu da $1/4$ olasılığa sahip ve eşdeğerdir. Alice'in ölçümünden sonra; Bob'un parçacığı, ölçüm sonuçlarına göre (7.18) denkleminde üst üste gelmiş olan dört saf durumdan birisine üniter bir dönüşümle izdüşürülecektir. Bu dönüşümler sırasıyla,

$$-|\Phi_3\rangle \equiv \begin{pmatrix} a \\ b \end{pmatrix}, \quad \begin{pmatrix} -1 & 0 \\ 0 & 1 \end{pmatrix}|\Phi_3\rangle, \quad \begin{pmatrix} 0 & 1 \\ 1 & 0 \end{pmatrix}|\Phi_3\rangle, \quad \begin{pmatrix} 0 & -1 \\ 1 & 0 \end{pmatrix}|\Phi_3\rangle \qquad (7.19)$$

şeklinde tanımlanır. Bu uz-aktarım protokolü için olası durumlar çizelge 7.1'de gösterilmiştir. Bob'un EPR parçacığı için çıkan durumların her biri, Alice'in uz-aktarmak istediği orijinal $|\Phi\rangle$ durumuna basit bir yolla dönüştürülebilir. İlk çıktı (singlet) durumunda, Bob'un durumu önemsiz bir faz faktörü dışında aynıdır. Böylece Bob'un, Alice'in spininin bir kopyasını üretmek için hiçbir şey yapması gerekmez. Diğer üç durumda, kendi EPR parçacığını Alice'in orijinal $|\Phi\rangle$ durumuna dönüştürmesi için, sırasıyla x, y ve z eksenleri boyunca 180°'lik bir dönme ile (7.19) denklemiyle verilen üniter işlemlerden birisini uygulamalıdır (eğer $|\Phi\rangle$ bir foton kutuplanma durumunu gösteriyorsa, yarım-dalga plakalarının uygun bir birleşimi bu üniter işlemleri yapacaktır). Böylece kesin bir uz-aktarım, Alice'in yaptığı ölçümün klasik sonucunu Bob'a söylemesiyle, daha sonra Bob'un, parçacığının durumunu $|\Phi\rangle$'nin bir kopyasına dönüştürmek için gereken dönmeyi yapmasıyla başarılabilir. Diğer bir ifadeyle; Alice, orijinal $|\Phi\rangle$ durumundan hiçbir iz kalmayacak şekilde $|\psi_{12}^{(\pm)}\rangle$ ve $|\Phi_{12}^{(\pm)}\rangle$ durumlarından birisinde bırakılır.

Çizelge 7.1 Bir uz-aktarım protokolümdeki muhtemel olaylar (Bennett 1993)

Alice'in Bell Ölçümü	Bob'un Kübit Durumu	Gereken Üniter Dönüşüm
$|\psi_{12}^{(-)}\rangle$	$|\Phi_1\rangle$	$\mathbb{I}$
$|\psi_{12}^{(+)}\rangle$	$\sigma_z|\Phi_1\rangle$	σ_z
$|\Phi_{12}^{(-)}\rangle$	$\sigma_x|\Phi_1\rangle$	σ_x
$|\Phi_{12}^{(+)}\rangle$	$\sigma_y|\Phi_1\rangle$	σ_y

Bob'un EPR parçacığının kuantum korelasyonu Alice'in parçacığından farklı olarak, Alice'in ölçüm sonucu tamamen, iletilebilen, kopyalanabilen ve herhangi bir uygun bölgede istenildiği gibi depolanabilen klasik bilgidir. Özellikle, bu bilgi uz-aktarım süreci için başarılı bir yorum yapamaya engel değildir: Alice'den Bob'a $|\Phi\rangle$ durumunu uz-aktarmak, $|\Phi\rangle$ ile korele olmayan ve sürecin sonunda geride kalan gelişigüzel iki klasik bilgi üretiminin yan etkisidir.

Uz-aktarım, $|\Phi\rangle$ kuantum durumuna uygulanan çizgisel bir işlem olduğundan, sadece saf durumlarla değil aynı zamanda saf-olmayan durumlarla ya da dolanık durumlarla da yapılabilir. Örneğin, Alice'in orijinal parçacığı, Alice ve Bob'un her ikisinden de çok uzakta olan ve 0 ile etiketlenen diğer bir parçacıkla bir EPR singletinin kendi parçası olsun. Uz-aktarımdan sonra, 0 ve 3 (Bob'un EPR parçacığı) parçacıkları, başlangıçta ayrı EPR çiftlerine ait olsalar bile bir singlet durumda kalabilirler.

Yukarıda söylenenlerin tamamı $d > 2$ olan dik durumlu sistemlere genelleştirilebilir. Singlet durumdaki bir EPR spin çiftinin yerine, Alice tamamen dolanık bir durumda d-durumlu bir parçacık çiftini kullanabilir. Alice 1. ve 2. parçacık üzerinde birleşik bir ölçüm yapar. İstenilen etkiye sahip ve bir özdurumu $|\psi_{nm}\rangle$ olan böyle bir ölçüm,

$$|\psi_{nm}\rangle = \sum_j e^{2\pi ijn/d}\, |j\rangle \otimes |(j+m) mod\ d\rangle / \sqrt{d} \tag{7.20}$$

ile verilir. Bob, Alice'in elde etmiş olduğu *nm* sonucunu ondan öğrenince, önceki dolanık parçacığı üzerinde üniter bir dönüşüm yapar.

$$U_{nm} = \sum_k e^{2\pi ikn/d}\, |k\rangle\langle (k+m) mod\ d|. \tag{7.21}$$

Bu dönüşüm, Bob'un parçacığını Alice'in parçacığının orijinal durumuna getirir ve uz-aktarım tamamlanır.

Klasik mesaj, uz-aktarımda önemli bir rol oynar. Nasıl olduğunu görmek için, Bob'un sabırsız olduğunu ve Alice'in klasik mesajının gelmesinden önce tahmin ederek uz-aktarımı tamamlamayı denediğini varsayalım. Alice'in beklenen $|\Phi\rangle$ durumu, (7.19) denklemindeki dört durumun gelişigüzel bir karışımı olarak (spin $- 1/2$ durumunda) yeniden kurulabilir. Herhangi bir $|\Phi\rangle$ durumu için; bu, $|\Phi\rangle$ giriş durumu hakkında hiçbir bilgi vermeyen en dolanık durumdur. Başka türlü olamazdı çünkü giriş ve tahmin edilmiş çıkış arasındaki herhangi bir korelasyon ışık hızından hızlı bir sinyal gönderebilirdi.

İki-durumlu bir parçacığın kesin uz-aktarımının tam iki bitlik bir klasik bilgi gerektirip gerektirmediği hala araştırılabilir. Örneğin; dört Bell durumunun yerine sadece iki ya da üç ayrık klasik mesaj veya eşit olmayan olasılıklı dört mesaj kullanarak yapılabilir miydi? Daha sonra, tam bir iki bit klasik kanal kapasitesinin gerekli olduğunu göstereceğiz. Herhangi bir daha az kapasitenin klasik bir kanalını kullanarak kesin uz-aktarım, klasik mesaj gelmeden önce tahmin ederek, uz-aktarılmış parçacık aracılığıyla Bob'a ışık hızından hızlı bir sinyal göndermeye izin verebilir.

Tersine, bir EPR singletinden başka diğer durumların, uz-aktarım sürecinin klasik-olmayan kanalı olarak kullanılıp kullanılamayacağı araştırılabilir. Açıkça, ikinci ve üçüncü parçacıkların herhangi bir doğrudan çarpım durumu kullanışsızdır. Çünkü ikinci parçacığın böyle durumlar güdümlemesi için, üçüncü parçacık hakkında ne öngörülebileceği üzerine hiçbir etki yoktur. Şimdi çarpanlarına ayrılamayan bir $|\lambda_{23}\rangle$ durumunu ele alalım. Alice'in ölçümünden sonra, Bob'un parçacığının (3. parçacık) ancak ve ancak $|\lambda_{23}\rangle$ durumu

$$\frac{1}{\sqrt{2}}(|u_2\rangle|p_3\rangle + |v_2\rangle|q_3\rangle) \tag{7.22}$$

şeklinde ise dört sabitlenmiş üniter işlemle $|\Phi_1\rangle$ durumuna bağlanabileceği kolaylıkla görülebilir. Burada $\{|u\rangle, |v\rangle\}$ ve $\{|p\rangle, |q\rangle\}$ herhangi bir iki çift ortonormal durumdur. Bunlar, ayrı olarak iki parçacıktan birisi üzerinde yapılan ölçümler için maksimal gelişigüzel marjinal istatistiğe sahip maksimal dolanık durumlardır. Daha az dolanık durumlar uz-aktarımın özuygunluğunu ve/veya kesin olarak uz-aktarılmış durumların aralığını azaltır. (7.22) denklemiyle verilen durum da açıkça tek-taraflı bir üniter dönüşümle EPR sigletinden elde edilebilir durumdur. Klasik-olmayan kanal için kullanımları tamamen singletinkine eşdeğerdir. Maksimal dolanıklık güvenli bir uz-aktarım için gerek ve yeter koşuldur.

EPR parçacıklarını depolamak güç olmasına rağmen, eğer bu mümkün olsaydı, kuantum uz-aktarım oldukça kullanışlı olurdu. Alice ve Bob sadece EPR çiftlerinin bir stokuna ve sağlam klasik mesajları taşıyabilen bir kanala ihtiyaç duyar. Alice, keyfi olarak seçilmiş büyük mesafeler boyunca, zayıflama etkileri ve uzun bir optik fiber aracılığıyla gönderilmiş tek bir foton üzerindeki gürültü hakkında endişelenmeden kuantum durumlarını Bob'a uz-aktarabilir: Bob, $|\Phi\rangle$'nin başka bir kopyasına sahip olsun. Eğer Bob Alice'in kopyasını ele geçirirse, her biri üzerinde ayrı bir ölçüm yaparak yapılabilen durumdan daha kesin olarak $|\Phi\rangle$ durumunu belirleyen her iki ölçümü birlikte yapabilir. Sonuç olarak, Alice ve Bob EPR çiftlerini paylaştıktan sonra, birbirlerinden bağımsız olarak hareket edebilirler, gezerler ve artık birisi diğerinin yerini bilemez. Alice Bob'a orijinal kuantum parçacığını ya da onun bir spin-değişme sürümünü eksiksiz bir biçimde gönderemez. Eğer Alice Bob'un nerede olduğunu bilmiyorsa, olabileceği tüm yerlere klasik bilgi yayımlayarak Bob'a kuantum durumunu hala uz-aktarabilir.

Uz-aktarım protokolünü özetleyecek olursak; Alice, kendi bölgesinde bulunan durum üzerinden, elindeki durumu Bell bazlarından birisine dönüştüren izdüşümsel bir ölçüm yapar. Elde ettiği 2 bitlik bilgiyi klasik bir kanal kullanarak Bob'a iletir. Bob aldığı bilgiye bağlı olarak elindeki durum üzerine bir üniter dönüşüm uygular. Böylece gönderilmek istenen durum Bob'un bölgesinde elde edilmiş olur.

Bu işlemde bir e-bitlik dolanıklık yok edilir ve bir kübitlik bir bilgi göndermek için iki bitlik klasik bilgi harcanır. Klasik bilgi harcanmadan protokol tamamlanamaz. Bu, sinyal gönderememe teoremiyle de uyumlu bir sonuçtur.

7.4 Dolanıklık Trampası

Kuantum dolanıklık genellikle birbirine yakın olarak yerleşmiş iki parçacık arasında belirli bir doğrultudaki etkileşmelerde ortaya çıkar. Daha önce asla etkileşmemiş iki parçacık dolanık olabilir mi? Şaşırtıcı bir şekilde bu sorunun cevabı evettir (Yurke 1992).

Alice, Claire ile Bob da David ile $|\Phi^+\rangle = 1/\sqrt{2}(|11\rangle + |00\rangle)$ gibi en dolanık bir durumu paylaşsınlar:

$$|\Phi^+\rangle_{AC} \otimes |\Phi^+\rangle_{BD}. \tag{7.23}$$

Böyle bir durum açıkça birbirini asla göremeyen ve etkileşmeyen A ile D parçacıkları arasında kurulabilir. Claire ve Bob, Bell bazlarında ortak bir ölçüm yaparlar. Herhangi bir sonuç için A ve D parçacıkları bazı Bell durumlarına çökerler. Eğer Alice ve Bob sonuçları bilirse, $|\Phi^+\rangle_{AD}$ dolanık durumunu elde etmek için yerel bir dönme yapabilirler. Bu durumda, Alice ve David'in parçacıkları farklı kaynaklardan çıkmış ve asla birbirleriyle doğrudan etkileşmemiş olsalar bile dolanıktırlar. Süreç sonunda Alice ve Claire arasındaki dolanıklık ortadan kalkar. Bu süreç, EPR çiftinin birisindeki dolanıklığı diğer bir çifte taşımaya eşdeğerdir: Çiftlerden herhangi birisi, kanal veya taşınmış çiftlerden birisi olarak seçilebilir.

Dolanıklık trampası, kuantum uz-aktarım ile yakından alakalıdır. Kuantum uz-aktarım, klasik iletişim kanalları ve paylaşılmış bir dolanıklık kaynağı aracılığıyla bir sistemin durumunu bağımsız bir fiziksel sisteme uz-aktarmaya olanak sağlar. Dolanıklık trampasının amacı şimdiye dek aralarında paylaşılmış hiçbir dolanıklığın olmadığı sistemler arasında dolanıklık oluşturmaktır. Dolanıklık trampasını oluşturmak için bir dolanıklık kaynağı gereklidir. Dolanıklık trampası, önsel bir dolanık sistemden önsel bir ayrılabilir duruma dolanıklık transferini ifade eder.

8 SONUÇ

Dolanıklık, bileşik bir sistemin kuantum mekaniksel bir özelliğidir. Bu özelliğe sahip kuantum durumları ayrılabilir durum vektörlerinin özel çizgisel birleşimleri, yani özel koherent üst-üste gelimleriyle temsil edilebilen ayrılamaz durumlardır. Klasik kaynaklarla yerine getirilemeyen amaçlar için kullanılabilecek işlenebilir, kontrol edilebilir, dağıtılabilir ve yayınlanabilir yeni bir kuantum kaynağıdır. Kuantum dolanıklık kuramındaki temel araştırma konuları; dolanıklığın deneysel ve kuramsal olarak algılanması, çevreyle olan etkileşmeler sonucu dolanıklığın zayıflama sürecinin tersine çevrilmesi, karakterizasyonu, kontrolü ve nicelendirilmesi olarak sıralanabilir.

Dolanık bir durumda bulunan sistemlerin bileşenleri arasındaki güçlü korelasyonlar, klasik kaynaklar kullanılarak gerçekleştirilebilen bazı bilişim yükümlülüklerinin daha etkin olarak gerçekleştirilmelerine imkan tanır. Bu, dolanıklığın karakterizasyonunun kuantum bilişimdeki en önemli problemlerden birisi olduğunu gösterir. Dolanıklık, kuantum bilişim kuramında, özellikle klasik haberleşme sistemlerindeki karmaşıklığı azaltma, frekans standartlarının iyileştirilmesi gibi somut amaçlar için kullanılabilir önemli bir anahtar kaynaktır. Ayrıca deneysel olarak gösterilmiş ve bu tez çalışmasında da ayrıntılı olarak tartışılan kuantum şifreleme, kuantum yoğun kodlama ve kuantum uz-aktarım olayları dolanıklık kavramına dayanmaktadır.

Kuantum anahtar dağılımından uz-aktarım ve yoğun kodlamaya kadar bütün kuantum bilişim süreçleri bir ağdaki bilgiyi değiş-tokuş etmeyi sağlayan en iyi uygulamalardır. Bu alanlardaki deneyler küçük mesafeler boyunca başarıyla gerçekleştirilmiştir. Ama daha büyük mesafelerde, optik kayıplar, faz yayınımı ve ısısal durumlarla karışım gibi nedenler bazı sonlu iletim uzunlukları boyunca sinyallerin fazının bozulmasına neden olmaktadır (decoherence). Bunu yok etmenin en açık yolu kaynak ve hedef arasına yerleştirilmiş olan sinyal yükselticilerin bir serisini oluşturmak olabilir. Burada sinyal bir kuantum hafıza aracına depolanabilir. Böyle kuantum tekrarlayıcı protokolleri yukarıdaki uygulamalar arasındaki küçük değişikliklerle düzenlenebilirler.

Kuantum dolanıklık saf ve saf-olmayan durumlarda farklı tanımlandığından dolayı ayrı ayrı incelenir. Saf durumlardaki dolanıklığı tanımlamak göreli olarak kolayken saf-olmayan durumlarda bunun algılanması, nicelendirilmesi ve nitelendirilmesi daha zordur. Saf durumları oluşturmak saf-olmayan durumlara göre daha zordur. Kuantum uz-aktarım, kuantum yoğun kodlama gibi uygulamalarda genellikle saf durumlar kullanıldığından saf-olmayan durumların dolanıklığı damıtılarak ya da saflaştırılarak saf durumlar elde edilir.

Dolanıklığın damıtılması, herhangi bir dolanık durumun N kopyasını sadece yerel işlemler ve klasik haberleşme (LOCC) kullanarak saf Bell durumlarına dönüştürme işlemidir. Damıtma, önceden paylaşılmış daha az dolanık çiftleri, daha az sayıda fakat en dolanık çiftlere dönüştürerek gürültülü kuantum kanalların etkilerini ortadan kaldırabilmektedir.

Dolanıklık çevreyle olan etkileşmelere karşı yeterince dayanıklı değildir. Ayrıca tüm klasik olmayan korelasyonları açıklamada da yetersizdir. Son yıllardaki yapılan çalışmalarda dolanıklığa alternatif olarak işlenebilir, yenilenebilir ve dağıtılabilir kaynaklar olan kuantum discord ve kuantum dissonance kavramları ortaya çıkmıştır (Zurek 2001, 2003). Dolanıklıkta altsistemlerin hepsinin çevreyle olan etkileşmelerini en aza indirmek amaç iken kuantum discordda sadece bir altsistemi çevreden ayırmak belirli amaçların gerçekleştirilmesini sağlamaktadır. Dolanıklıktan farklı olarak kuantum discord iki-parçalı klasik olmayan korelasyonların ölçülmesini ve nicelendirilmesini sağlar. Kuantum discord, yerel ölçümlerle elde edilebilen ortak (karşılıklı) bilgi ve toplam ortak bilgi arasındaki farktır ve temel olarak ayrılabilirlik gibi çeşitli dolanıklık ölçülerinden farklıdır. Sıfırdan farklı kuantum discord kavramı dolanıklıktan ziyade sıra değişmezlikten dolayı kuantum korelasyonların bir göstergesidir ve belirli kuantum amaçların avantajlarını açığa çıkarma da ilginç ve önemli uygulamalara sahiptir. Dissonance, discorda benzer bir kavramdır fakat dolanıklığı dışarıda bırakır. Ayrılabilir durumlar kümesine en yakın klasik durumlar kümesi arasındaki en düşük entropi olarak tanımlanabilir. Kuantum discord ve kuantum dissonance kavramlarının her ikisi de bir uzaklık olarak ifade edilebilir (Vedral 2010).

Dolanıklık, dissonance ve discord gibi bütün bu temel yapıların araştırılmasında kuantum mekaniğinin temellerini daha iyi anlamak olduğu kadar somut nihai amaç olarak kuantum mekaniksel yasalara göre işleyen kuantum bilgisayarları gerçekleştirmektir. Verilen bir başlangıç durumundan daha sonraki bir duruma üniter olarak evrilen her fiziksel sistem bir kuantum bilgisayar modelidir (Nielsen 2010). Her bir üniter gelişim basamağı da bir kuantum hesaplamaya karşılık gelir. Kuantum bilişimde temel amaç; belirli kuantum algoritmalarla kurulan özel ardışık kuantum geçitlerinden oluşan kuantum devreleri aracılığıyla belirli bir amacı gerçekleştirmek üzere üniter kuantum gelişimlerini kontrollü olarak gerçekleştirecek donanımları ve sistemleri kurmaktır.

KAYNAKLAR

Barenco, A., Bennett, C.H., Cleve, R., DiVincenzo, D.P., Margolus, N., Shor, P., Sleator, T., Smolin, J.A. and Weinfurter, H. 1995. Elementary Gates for Quantum Computation. Physical Review A, Vol. 52, pp.3457-3467.

Barnett, S. M. 2009. Quantum Information. Oxford University Press, 300 p., Great Britain.

Bell, J. S. 1964. On the Einstein-Podolsky-Rosen Paradox. Physics, Vol. 1, pp. 195-200.

Bengtsson, I. and Życzkowski, K. 2006. Geometry of Quantum States. Cambridge University Press, 466 p., New York.

Bennett, C. H. and Wiesner, S. J. 1992. Communication via One-and Two-Particle Operators on Einstein-Podolsky-Rosen States. Physical Review Letters, Vol. 69 (20), pp. 2881-2884.

Bennett, C. H., Brassard, G., Crépeau, C., Jozsa, R., Peres, A. and Wootters, W. K. 1993. Teleporting an Unknown Quantum State via Dual Classical and Einstein-Podolsky-Rosen Channels. Physical Review Letters, Vol. 70 (13), pp. 1895-1899.

Bennett, C. H., Bernstein, H. J., Popescu, S. and Schumacher, B. 1996a. Concentrating Partial Entanglement by Local Operations. Physical Review A, 53 (4), 2046-2052.

Bennett, C. H., Brassard, G., Popescu, S., Schumacher, B., Smolin, J.A. and Wootters, W. K. 1996b. Purification of Noisy Entanglement and Faithful Teleportation via Noisy Channel. Physical Review Letters, Vol. 76 (5), pp. 722-725.

Bennett, C.H., Popescu, S., Rohrlich, D., Smolin, J.A. and Thapliyal, V. 2000. Exact and Asymptotic Measures of Multipartite Pure State Entanglement. http://arxiv.org/abs/quant-ph/9908073, Erişim Tarihi: 15.01.2011.

Braunstein, S. L., Mann, A. and Revzen, M. 1992. Maximal Violation of Bell Inequalities for Mixed States. Physical Review Letters, Vol. 68, pp.3259-3261.

Braunstein, S. L. and van Loock, P. 2005. Quantum Information with Continuous Variables. Reviews Of Modern Physics, Vol. 77(2), pp. 513-577.

Cirel'son, B. S. 1980. Quantum Generalizations of Bell's Inequality. Letters in Mathematical Physics, Vol. 4, pp. 93.

Clauser, J.F., Horne, M.A., Shimony, A. and Holt, R.A. 1969. Proposed Experiment to Test Local Hidden-Variable Theories. Physical Review Letters, Vol. 23, pp. 880-883.

Dür, W., Vidal, G. and Cirac, J.J. 2000. Three Qubits Can Be Entangled in Two Inequivalent Ways. Physical Review A, Vol. 62, pp. 062314.

Einstein, A., Podolsky, B. and Rosen, N. 1935. Can Quantum-Mechanical Description of Physical Reality Be Considered Complete?. Physical Review, Vol. 47, pp. 777-780.

Ekert, A. K. 1991. Quantum Cryptography Based on Bell's Theorem. Physical Review Letters, Vol. 67(6), pp. 661-663.

Gerry C. C. and Knight P. L., 2005. Introductory Quantum Optics, Cambridge University Press, 333 p., Cambridge.

Gisin, N. 1996. , Hidden Quantum Nonlocality Revealed by Local Filters. Physics Letters A, Vol. 210, pp. 151.

Greenberger, D. M., Horne, M. and Zeilinger, A. 1989. Bell's Theorem, Quantum Theory and Conceptions of the Universe, Edited by Kafatos, M. Kluwer Academic Publishers, 348 p., Dordrecht.

Horodecki, M., Horodecki, P. and Horodecki, R. 1996. Separability of Mixed States: Necessary and Sufficient Conditions. Physics Letters A, Vol. 223(1-2), pp. 1-8.

Horodecki, M. and Horodecki, P. 1999. Reduction Criterion of Separability and Limits for a Class of Distillation Protocols. Physical Review A, Vol. 59 (6), pp. 4206-4216.

Horodecki, R., Horodecki, P., Horodecki, M. and Horodecki, K. 2009. Quantum Entanglement. Reviews of Modern Physics, Vol. 81 (2), pp. 865-942.

Isham, C. J. 1995. Lectures on Quantum Theory Mathematical and Structural Foundations. Imperial College Press, 275 p., London.

Jaeger, G. 2007. Quantum Information: An Overview. Springer Science+Business Media, LLC, 284 p., New York.

Jamiolkowski, A. 1972. Linear Transformations Which Preserve Trace and Positive Semidefiniteness of Operators. Reports on Mathematical Physics, Vol. 3(4), pp. 275-278.

Kauffman, L., Lomonaco, S. J. and Chen, G. 2008. Mathematics of Quantum Computation and Quantum Technology. Chapman & Hall/CRC Taylor & Francis Group, LLC, 625 p., USA.

Mermin, N. D. 1990. Extreme Quantum Entanglement in a Superposition of Macroscopically Distinct States. Physical Review Letters, Vol. 65, pp.1838-1840.

Nielsen, M. A. and Chuang, I. L. 2000. Quantum Computation and Quantum Information. Cambridge University Press, 704 p., Cambridge.

Ohya, M. and Volovich, I. 2011. Mathematical Foundations of Quantum Information and Computation and Its Applications to Nano and Bio System. Springer Science+Business Media B.V., 780 p., New York.

Peres, A. 1996. Separability Criterion for Density Matrices. Physical Review Letters, Vol. 77(8), pp. 1413-1415.

Peres, A. 1999. All the Bell Inequalities. Foundation of Physics, Vol. 29(4), pp.589-614.

Peres, A. 2002. Quantum Theory: Concepts and Methods. Kluwer Academic Publishers, 450 p. New York.

Sakurai, J.J. 1994. Modern Quantum Mechanics. Addison-Wesley Publishing, 500 p., USA.

Schrödinger, E. 1935a. Die Gegenwärtige Situation in der Quantenmechanik. Naturwissenschaften, Vol. 23 (49), pp. 807-812, 823-828, 844-849.

Schrödinger, E. 1935b. Discussion of Probability Relations between Separated Systems. Mathematical Proceedings of the Cambridge Philosophical Society, Vol. 31, pp. 555-563.

Schumacher, B. 1990. Information-theoretic aspects of quantum theory. Ph.D. thesis (unpublished), The University of Texas at Austin, USA.

Schumacher, B. 1995. Quantum Coding. Physical Review A, Vol. 51(4),pp. 2738–2747.

Terhal, B. M. 2000. Bell Inequalities and the Separability Criterion. Physics Letters A, Vol. 271(5-6), pp. 319-326.

Vedral, V. 2006. Introduction to Quantum Information Science. Oxford University Press Inc.,194 p., New York.

Vedral, V., Modi, K., Paterek, T., Son, W. and Wiiliamson, M. 2010. Unified View of Quantum and Classical Correlations. Physical Review Letters, Vol. 104, p. 080501.

Vidal, G. 2000. Entanglement Monotones. Journal of Modern Optics, Vol. 47 (2/3), pp. 355-376

Werner, R. F. 1989. Quantum States with Einstein-Podolsky-Rosen Correlations Admitting a Hidden-Variable Model. Physical Review A, Vol. 40 (8), pp. 4277-4281.

Werner, R. F. 2001. All teleportation and Dense Coding Schemes. Journal of Physics: Mahhematical and General, Vol. 34, pp. 7081-7094.

Yurke, B. and Stoler, D. 1992. Einstein-Podolsky-Rosen Effects From Independent Particle Sources. Physical Review Letters, Vol. 68 (9), pp. 1251-1254.

Zurek, W. H. and Ollivier, H. 2001. Quantum Discord: A Measure of the Quantumness of Correlations. Physical Review Letters, Vol. 88, p. 017901.

Zurek, W. H. 2003. Quantum Discord and Maxwell's Demons. Physical Review A, Vol. 67, p. 012320.

EKLER

EK 1 SCHMIDT AYRIŞIMI

EK 2 BELL DURUMLARININ TEK-YANLI VE İKİ-YANLI ÜNİTER DÖNÜŞÜMLER ALTINDA DAVRANIŞLARI

EK 3 BXOR İŞLEMİ KULLANILARAK DOLANIKLIĞIN SAFLAŞTIRILMASI

EK 4 İNDİRGEME KRİTERİ ARACILIĞIYLA BXOR İŞLEMİ ALTINDA DAMITMA

EK 5 TEKNİK TERİMLER ve KRONOLOJİ

EK 1 SCHMIDT AYRIŞIMI

İki-parçalı bir sistemin bir saf durumuna karşı gelen yoğunluk işlemcisiyle ondan elde edilen indirgenmiş yoğunluk işlemcileri arasındaki bağıntı, bir dolanık saf durumun Schmidt ayrışımını elde etmeyi sağlar. Schmidt teoremine göre iki-parçalı bir sistemin bir dolanık saf durumu en genel haliyle

$$|\Psi_{\mathrm{AB}}\rangle = \sum_n a_n |\Phi_n\rangle \otimes |\psi_n\rangle \; ; \; |\Psi_{\mathrm{AB}}\rangle \in \mathcal{H}_{AB} = \mathcal{H}_A \otimes \mathcal{H}_B \qquad (E1.1)$$

şeklinde yazılabilir. Burada $a_n \geq 0$ ve $\sum_n a_n = 1$ ile verilir. a_n katsayıları Schmidt katsayıları olarak bilinir ve sıfırdan farklı Schmidt katsayılarının sayısı $|\Psi_{\mathrm{AB}}\rangle$ durumunun Schmidt rankı olarak tanımlanır. $|\Psi_{\mathrm{AB}}\rangle$ durumu ancak ve ancak Schmidt rankı bir ise ayrılabilir bir durumdur.

Schmidt teoremi iki-parçalı bir sistemin (iki toplamla ifade edilen) en genel bir saf durumu için (tek toplamlı ve daha az sayıda terim içeren) bir kanonik yazımına imkan verir. İki-parçalı sistemlerin sadece saf durumları için geçerli olan bu teoremin ispatı aşağıda verilmiştir.

Altsistemlerin ortonormal $\{|a_i\rangle\}$ ve $\{|b_j\rangle\}$ bazlarında açılmış olan iki-parçalı bir sistemin en genel bir saf durum vektörü;

$$|\Psi_{\mathrm{AB}}\rangle = \sum_{ij} c_{ij} |a_i\rangle \otimes |b_j\rangle \qquad (E1.2)$$

olsun. Bu denklem kullanılarak ρ_A indirgenmiş yoğunluk işlemcisi oluşturulabilir ve bu işlemcinin $|\Phi_n\rangle$ özdurumlarını elde etmek için köşegenleştirilebilir. Eğer $|a_i\rangle$ baz vektörleri

$$|a_i\rangle = \sum_n u_{in} |\Phi_n\rangle \qquad (E1.3)$$

şeklinde $|\Phi_n\rangle$ özdurumlarının bir açılımı olarak yazılırsa, (E2)'deki $|\Psi_{\mathrm{AB}}\rangle$ durumu

$$|\Psi_{\mathrm{AB}}\rangle = \sum_{ijn} u_{in} c_{ij} |\Phi_n\rangle \otimes |b_j\rangle = \sum_{nj} d_{nj} |\Phi_n\rangle \otimes |b_j\rangle \qquad (E1.4)$$

olarak yazılabilir. Burada $d_{nj} = \sum_i u_{in} c_{ij}$ tanımı kullanıldı. İlk altsistem için ρ_A indirgenmiş yoğunluk işlemcisi, ikinci altsistemin $\{|b_j\rangle\}$ bazına göre (E1.4)'ten elde edilen yoğunluk işlemcisinin parçalı izi alınarak aşağıdaki gibi elde edilir:

$$\rho_A = Tr_B |\Psi_{AB}\rangle\langle\Psi_{AB}| = \sum_{njk} d_{nj} d_{kj}^* |\Phi_n\rangle\langle\Phi_k|. \qquad (E1.5)$$

Burada $|\Phi_n\rangle$ 'ler ρ_A'nın özdurumları olduğundan (E1.5) ifadesi

$$\rho_A = \sum_{n=1}^{r} a_n^2 |\Phi_n\rangle\langle\Phi_n| \,, \qquad r \leq d_1 \qquad (E1.6)$$

spektral ayrışım ifadesi olmalıdır. Bunun da sağlanabilmesi için gerek ve yeter koşul

$$\sum_j d_{nj} d_{kj}^* = a_n{}^2 \delta_{nk} \qquad (E1.7)$$

eşitliklerinin sağlanmasıdır. Bu koşullar sıfırdan farklı her a_n için tanımlanan;

$$|\psi_n\rangle = \sum_j \frac{d_{nj}}{a_n} |b_j\rangle \qquad (E1.8)$$

durum vektörlerinin ortonormalliğini garanti eder:

$$\langle\psi_m|\psi_n\rangle = \sum_{jk} \frac{d_{mk}^* d_{nj}}{a_n a_m} \langle b_k|b_j\rangle$$

$$= \sum_j \frac{d_{mj}^* d_{nj}}{a_n a_m}$$

$$= \frac{a_n^2}{a_n a_m} \delta_{nm} = \delta_{nm}. \qquad (E1.9)$$

Son olarak (E1.8) ifadesi (E1.4)'ün son eşitliğinde kullanılırsa $|\Psi_{AB}\rangle$ durumu

$$|\Psi_{AB}\rangle = \sum_n a_n |\Phi_n\rangle \otimes |\psi_n\rangle \qquad (E1.10)$$

şeklinde yazılabilir (Barnett 2009). Bu da tek toplamlı Schmidt ayrışımıdır[8].

İkinci sistem için indirgenmiş yoğunluk işlemcisi (E1.10) kullanılarak hesaplanırsa

$$\rho_B = \sum_{n=1}^{r} a_n^2 |\Phi_n\rangle\langle\psi_n| , \qquad r \leq d_2 \qquad (E1.11)$$

bulunur. Görüldüğü gibi her iki altsistemin indirgenmiş yoğunluk işlemcileri aynı formdadır ve sıfırdan farklı özdeğerleri aynıdır. Sadece sıfır özdeğerlerinin sayısı farklı olabilir: Birincinin $d_1 - r$ ve ikincisinin de $d_2 - r$ tane sıfır özdeğeri vardır. Özel olarak her iki yoğunluk işlemcisinin rankları aynıdır.

Schmidt ayrışımındaki katsayılar da indirgenmiş yoğunluk işlemcilerinden birinin sıfırdan farklı özdeğerlerinin karekökleridirler. Bu yüzden (E1.10)'daki toplamın üst sınırı $r \leq min[d_1, d_2]$ bağıntısını sağlar ve Schmidt rankı ρ_A ve ρ_B'nin rankıyla aynıdır.

Schmidt ayrışımı uygulamada verilen bir saf durumun dolanık olup olmadığını rahatlıkla görme imkanı tanır. Bunun için karşılık gelen yoğunluk işlemcisinin indirgenmiş yoğunluk işlemcilerinden birisi bulunup bunun rankı araştırılır. Bu rankın en az iki olması, verilen saf durumun dolanık olabilmesi için gerek ve yeter koşuldur.

Üç ve daha fazla parçalı sistemler için Schmidt-tipi ayrışımlar üzerinde çalışılmış olmasına rağmen henüz iki-parçalı sistemlerdeki Schmidt ayrışımı gibi net bir sonuç yoktur. Ayrıca yukarıda verilen Schmidt ayrışımı iki-parçalı sistemlerin sadece saf durumları için geçerlidir, saf-olmayan durumları için böyle bir ayrışım kavramı yoktur. Buna paralel olarak en dolanık saf durum kavramı da sadece iki-parçalı sistemlerin saf durumları için tanımlıdır.

En Dolanık Durumlar

İki-parçalı sistemlerin bir $|\Psi_{AB}\rangle$ saf durumundan elde edilen yoğunluk işlemcileri en saf-olmayan yoğunluk işlemcileri ise $|\Psi_{AB}\rangle$'ye en dolanık durum vektörü denir. $d_1 \otimes d_2$ tipindeki sistemlerin en dolanık durumları d_1^2 boyutlu bir vektör uzayını gererler ve bu, $(d_1 \times d_1)$ 'li üniter matrislerin kümesiyle birebir eşleştirilebilir (Werner 2001).

[8] Schmidt ayrışımının değişik bir ispatı için bakınız (Nielsen, Chuang, 2001, p. 109).

EK 2 BELL DURUMLARININ TEK-YANLI VE İKİ-YANLI ÜNİTER DÖNÜŞÜMLER ALTINDA DAVRANIŞLARI

Çizelge E2.1 Bell durumlarının tek-yanlı ve iki-yanlı üniter dönüşümler altında davranışları

	Dönüşümler	$\vert\psi^-\rangle$	$\vert\psi^+\rangle$	$\vert\Phi^-\rangle$	$\vert\Phi^+\rangle$
Tek-Yanlı Dönüşümler	$\sigma_x\otimes\mathbb{I}_2$	$-\vert\Phi^-\rangle$	$\vert\Phi^+\rangle$	$-\vert\psi^-\rangle$	$\vert\psi^+\rangle$
	$\sigma_y\otimes\mathbb{I}_2$	$\mathrm{i}\vert\Phi^+\rangle$	$-i\vert\Phi^-\rangle$	$i\vert\psi^+\rangle$	$-i\vert\psi^-\rangle$
	$\sigma_z\otimes\mathbb{I}_2$	$\vert\psi^+\rangle$	$\vert\psi^-\rangle$	$\vert\Phi^+\rangle$	$\vert\Phi^-\rangle$
	$\mathbb{I}_1\otimes\sigma_x$	$\vert\Phi^-\rangle$	$\vert\Phi^+\rangle$	$\vert\psi^-\rangle$	$\vert\psi^+\rangle$
	$\mathbb{I}_1\otimes\sigma_y$	$-i\vert\Phi^+\rangle$	$-i\vert\Phi^-\rangle$	$i\vert\psi^+\rangle$	$i\vert\psi^-\rangle$
	$\mathbb{I}_1\otimes\sigma_z$	$-\vert\psi^+\rangle$	$-\vert\psi^-\rangle$	$\vert\Phi^+\rangle$	$\vert\Phi^-\rangle$
İki-Yanlı Dönüşümler	$\sigma_x\otimes\sigma_x$	$-\vert\psi^-\rangle$	$\vert\psi^+\rangle$	$-\vert\Phi^-\rangle$	$\vert\Phi^+\rangle$
	$\sigma_y\otimes\sigma_y$	$-\vert\psi^-\rangle$	$\vert\psi^+\rangle$	$\vert\Phi^-\rangle$	$-\vert\Phi^+\rangle$
	$\sigma_z\otimes\sigma_z$	$-\vert\psi^-\rangle$	$\vert\psi^+\rangle$	$\vert\Phi^-\rangle$	$\vert\Phi^+\rangle$
	$\sigma_x\otimes\sigma_y$	$-i\vert\psi^+\rangle$	$-\vert\psi^-\rangle$	$i\vert\Phi^+\rangle$	$-i\vert\Phi^-\rangle$
	$\sigma_x\otimes\sigma_z$	$-\vert\Phi^+\rangle$	$\vert\Phi^-\rangle$	$\vert\psi^+\rangle$	$-\vert\psi^-\rangle$
	$\sigma_y\otimes\sigma_x$	$i\vert\psi^+\rangle$	$-i\vert\psi^-\rangle$	$i\vert\Phi^+\rangle$	$-i\vert\Phi^-\rangle$
	$\sigma_y\otimes\sigma_z$	$i\vert\Phi^-\rangle$	$-i\vert\Phi^+\rangle$	$-i\vert\psi^-\rangle$	$i\vert\psi^+\rangle$
	$\sigma_z\otimes\sigma_x$	$\vert\Phi^+\rangle$	$\vert\Phi^-\rangle$	$\vert\psi^+\rangle$	$\vert\psi^-\rangle$
	$\sigma_z\otimes\sigma_y$	$-i\vert\Phi^-\rangle$	$-i\vert\Phi^+\rangle$	$i\vert\psi^-\rangle$	$i\vert\psi^+\rangle$

Yukarıdaki tüm dönüşümler birer invülüsyondurlar ve özel olarak bire-birdirler. $\sigma_j\otimes\sigma_j$ şeklindeki dönüşümler Bell durumlarının simetri grubunu oluştururlar ve sadece iki Bell durumu için -1'den ibaret olan bir faz çarpanına neden olurlar. $\sigma_j\otimes\sigma_j$ dışında kalan dönüşümler altında hiçbir Bell durumu değişmez olarak kalmamaktadır. Belirli bir Bell durumuna tek-yanlı, örneğin $\sigma_j \otimes \mathbb{I}_2$ dönüşümlerinin uygulanması ile diğer üç Bell durumunun elde edilmesi kuantum yoğun kodlamanın temelini oluşturur.

EK 3 BXOR İŞLEMİ KULLANILARAK DOLANIKLIĞIN SAFLAŞTIRILMASI

Twirling işlemiyle küresel simetrik hale getirilmiş bir Werner durumunu ele alalım:

$$W_F = F|\psi^-\rangle\langle\psi^-| + \frac{1-F}{3}[|\psi^+\rangle\langle\psi^+| + |\Phi^+\rangle\langle\Phi^+| + |\Phi^-\rangle\langle\Phi^-|]. \qquad (E3.1)$$

Bu duruma tek-yanlı bir σ_y dönüşümü uygulandığında oluşan yeni Werner durumu

$$W_F' = F|\Phi^+\rangle\langle\Phi^+| + \frac{1-F}{3}[|\Phi^-\rangle\langle\Phi^-| + |\psi^-\rangle\langle\psi^-| + |\psi^+\rangle\langle\psi^+|] \qquad (E3.2)$$

ile verilir. Burada $\sigma_y|\Phi^\pm\rangle = |\psi^\mp\rangle$, $|\psi^\pm\rangle = (|10\rangle \pm |01\rangle)/\sqrt{2}$ ve $|\Phi^\pm\rangle = (|11\rangle \pm |00\rangle)/\sqrt{2}$ şeklinde tanımlanır. Saflaştırma protokolünde Alice ve Bob'un her ikisinde de birer tane kaynak ve hedef vardır. Kaynak çiftler ve hedef çiftlerin her ikisi de bir W_F' Werner durumunu paylaşsınlar.

Çizelge E3.1 Dolanıklığın saflaştırılması protokolünde paylaşılan durumlar ile kaynak ve hedef çiftler

Paylaşılan Werner Durumu	Alice	Bob
$W_F'^{(12)}$	1	2
$W_F'^{(34)}$	3	4

Burada 1. ve 2. parçacıklar kaynak parçacıklar, 3. ve 4. parçacıklar ise hedef parçacıklardır. Basitlik için (E3.2) denkleminde verilen eşitliğin sağ tarafındaki ikinci terime S diyebiliriz:

$$S = |\Phi^-\rangle\langle\Phi^-| + |\psi^-\rangle\langle\psi^-| + |\psi^+\rangle\langle\psi^+|. \qquad (E3.3)$$

Bu durumda kaynak ve hedef çiftlerin paylaştıkları Werner durumlarının tensör çarpımları

$$I = W_F'^{(12)} \otimes W_F'^{(34)} = F^2(|\Phi^+\rangle\langle\Phi^+|)_{12} \otimes (|\Phi^+\rangle\langle\Phi^+|)_{34} + \left(\frac{1-F}{3}\right)^2 S_{12} \otimes S_{34}$$

$$+ \frac{F(1-F)}{3}[(|\Phi^+\rangle\langle\Phi^+|)_{12} \otimes S_{34} + S_{12} \otimes (|\Phi^+\rangle\langle\Phi^+|)_{34}] \qquad (E3.4)$$

şeklinde yazılabilir. Eşitliğin sağ tarafındaki terimler için

$$A = (|\Phi^+\rangle\langle\Phi^+|)_{12}\otimes(|\Phi^+\rangle\langle\Phi^+|)_{34}, \qquad B_1 = (|\Phi^+\rangle\langle\Phi^+|)_{12}\otimes S_{34},$$

$$B_2 = S_{12}\otimes(|\Phi^+\rangle\langle\Phi^+|)_{34} \qquad (E3.5)$$

kısaltmaları kullanılabilir. Şimdi her bir terimin BXOR işlemi altındaki davranışları incelenebilir. (5) denklemindeki A terimi açıkça aşağıdaki gibi yazılabilir:

$$A = (|\Phi^+\rangle\langle\Phi^+|)_{12}\otimes(|\Phi^+\rangle\langle\Phi^+|)_{34} = (|\Phi^+\rangle\otimes|\Phi^+\rangle)(|\Phi^+\rangle\otimes|\Phi^+\rangle)^\dagger$$

$$= \frac{1}{2}(|1111\rangle|1100\rangle + |0011\rangle + |0000\rangle)(|\Phi^+\rangle\otimes|\Phi^+\rangle)^\dagger. \qquad (E3.6)$$

A durumu BXOR işlemi altında

$$A' = X_{OR}\, A\, X_{OR} = (|\Phi^+\rangle\otimes|\Phi^+\rangle)(|\Phi^+\rangle\otimes|\Phi^+\rangle)^\dagger$$

$$= (|\Phi^+\rangle\langle\Phi^+|)_{12}\otimes(|\Phi^+\rangle\langle\Phi^+|)_{34} \qquad (E3.7)$$

şeklinde dönüşür. Buradan $A' = A$ olduğu kolaylıkla görülebilir. Aynı işlemler B_1, B_2 ve son terim için de yapılabilir:

$$B_1 = (|\Phi^+\rangle\langle\Phi^+|)_{12}\otimes S_{34} = (|\Phi^+\rangle\langle\Phi^+|)_{12}\otimes(|\Phi^-\rangle\langle\Phi^-| + |\psi^-\rangle\langle\psi^-| + |\psi^+\rangle\langle\psi^+|)_{34}$$

$$= (|\Phi^+\rangle\otimes|\Phi^-\rangle)(\dots)^\dagger + (|\Phi^+\rangle\otimes|\psi^-\rangle)(\dots)^\dagger + (|\Phi^+\rangle\otimes|\psi^+\rangle)(\dots)^\dagger. \qquad (E3.8)$$

Burada $(\dots)^\dagger$ ifadesi solundaki terimin Hermitsel eşleniğini ifade eder. BXOR işlemi altında yeni oluşan durum aşağıdaki gibidir:

$$B_1' = X_{OR}B_1X_{OR} = (|\Phi^-\rangle\otimes|\Phi^-\rangle)(\dots)^\dagger + (|\Phi^-\rangle\otimes|\psi^-\rangle)(\dots)^\dagger + (|\Phi^+\rangle\otimes|\psi^+\rangle)(\dots)^\dagger$$

$$= (|\Phi^-\rangle\langle\Phi^-|)_{12}\otimes(|\Phi^-\rangle\langle\Phi^-|)_{34} + (|\Phi^-\rangle\langle\Phi^-|)_{12}\otimes(|\psi^-\rangle\langle\psi^-|)_{34}$$

$$+(|\Phi^+\rangle\langle\Phi^+|)_{12}\otimes(|\psi^+\rangle\langle\psi^+|)_{34}. \qquad (E3.9)$$

Benzer şekilde B_2 teriminin BXOR işlemi altındaki değişimi aşağıdaki gibi hesaplanabilir:

$$B_2 = S_{12}\otimes(|\Phi^+\rangle\langle\Phi^+|)_{34} = (|\Phi^-\rangle\langle\Phi^-| + |\psi^-\rangle\langle\psi^-| + |\psi^+\rangle\langle\psi^+|)_{12}\otimes(|\Phi^+\rangle\langle\Phi^+|)_{34}$$

$$= (|\Phi^-\rangle\otimes|\Phi^+\rangle)(\dots)^\dagger + (|\psi^-\rangle\otimes|\Phi^+\rangle)(\dots)^\dagger + (|\psi^+\rangle\otimes|\Phi^+\rangle)(\dots)^\dagger. \qquad (E3.10)$$

BXOR işlemi uygulandığında bu durum

$$B_2' = X_{OR}B_1X_{OR} = (|\Phi^-\rangle\otimes|\Phi^+\rangle)(\ldots)^\dagger + (|\psi^-\rangle\otimes|\psi^+\rangle)(\ldots)^\dagger + (|\psi^+\rangle\otimes|\psi^+\rangle)(\ldots)^\dagger$$

$$= (|\Phi^-\rangle\langle\Phi^-|)_{12}\otimes(|\Phi^+\rangle\langle\Phi^+|)_{34} + (|\psi^-\rangle\langle\psi^-|)_{12}\otimes(|\psi^+\rangle\langle\psi^+|)_{34}$$

$$+(|\psi^+\rangle\langle\psi^+|)_{12}\otimes(|\psi^+\rangle\langle\psi^+|)_{34} \qquad (E3.11)$$

şeklinde yazılabilir. Son olarak $S_{12}\otimes S_{34}$ teriminin de BXOR işlemi altındaki değişimini inceleyelim.

$$S_{12}\otimes S_{34} = (|\Phi^-\rangle\langle\Phi^-| + |\psi^-\rangle\langle\psi^-| + |\psi^+\rangle\langle\psi^+|)_{12}\otimes(|\Phi^-\rangle\langle\Phi^-|$$
$$+ |\psi^-\rangle\langle\psi^-| + |\psi^+\rangle\langle\psi^+|)_{34} \qquad (E3.12)$$

Burada, işlemlerde kolaylık sağlaması için aşağıdaki kısaltmalar kullanılabilir:

$$K_1 = (|\Phi^-\rangle\langle\Phi^-|)_{12}, \quad K_2 = (|\psi^-\rangle\langle\psi^-|)_{12}, \quad K_3 = (|\psi^+\rangle\langle\psi^+|)_{12}$$

$$L_1 = (|\Phi^-\rangle\langle\Phi^-|)_{34}, \quad L_2 = (|\psi^-\rangle\langle\psi^-|)_{34}, \quad L_3 = (|\psi^+\rangle\langle\psi^+|)_{34} \qquad (E3.13)$$

Bu durumda $S_{12}\otimes S_{34}$ terimi

$$S_{12}\otimes S_{34} = K_1\otimes L_1 + K_1\otimes L_2 + K_1\otimes L_3 + K_2\otimes L_1 + K_2\otimes L_2 + K_2\otimes L_3$$

$$+K_3\otimes L_1 + K_3\otimes L_2 + K_3\otimes L_3 \qquad (E3.14)$$

şeklinde yazılabilir. Buradaki her terimin BXOR işlemi altındaki davranışlarını inceleyelim. İlk terim,

$$K_1\otimes L_1 = (|\Phi^-\rangle\langle\Phi^-|)_{12}\otimes(|\Phi^-\rangle\langle\Phi^-|)_{34} = (|\Phi^-\rangle\otimes|\Phi^-\rangle)(\ldots)^\dagger \qquad (E3.15)$$

BXOR işlemi altında bu terim yeniden yazılırsa

$$(K_1\otimes L_1)' = X_{OR}(K_1\otimes L_1)X_{OR} = (|\Phi^+\rangle\otimes|\Phi^-\rangle)(\ldots)^\dagger$$

$$= (|\Phi^+\rangle\langle\Phi^+|)_{12}\otimes(|\Phi^-\rangle\langle\Phi^-|)_{34} \qquad (E3.16)$$

olarak bulunur. Diğer terimler de benzer şekilde bulunabilirler.

$$(K_1\otimes L_2)' = X_{OR}(K_1\otimes L_2)X_{OR} = (|\Phi^-\rangle\langle\Phi^-|)_{12}\otimes(|\psi^-\rangle\langle\psi^-|)_{34}$$

$$(K_1\otimes L_3)' = X_{OR}(K_1\otimes L_3)X_{OR} = (|\Phi^-\rangle\langle\Phi^-|)_{12}\otimes(|\psi^+\rangle\langle\psi^+|)_{34}$$

$$(K_2 \otimes L_1)' = X_{OR}(K_2 \otimes L_1)X_{OR} = (|\psi^+\rangle\langle\psi^+|)_{12} \otimes (|\psi^-\rangle\langle\psi^-|)_{34}$$

$$(K_2 \otimes L_2)' = X_{OR}(K_2 \otimes L_2)X_{OR} = (|\psi^+\rangle\langle\psi^+|)_{12} \otimes (|\Phi^-\rangle\langle\Phi^-|)_{34}$$

$$(K_2 \otimes L_3)' = X_{OR}(K_2 \otimes L_3)X_{OR} = (|\psi^-\rangle\langle\psi^-|)_{12} \otimes (|\Phi^+\rangle\langle\Phi^+|)_{34}$$

$$(K_3 \otimes L_1)' = X_{OR}(K_3 \otimes L_1)X_{OR} = (|\psi^-\rangle\langle\psi^-|)_{12} \otimes (|\psi^-\rangle\langle\psi^-|)_{34}$$

$$(K_3 \otimes L_2)' = X_{OR}(K_3 \otimes L_2)X_{OR} = (|\psi^-\rangle\langle\psi^-|)_{12} \otimes (|\Phi^-\rangle\langle\Phi^-|)_{34}$$

$$(K_3 \otimes L_3)' = X_{OR}(K_3 \otimes L_3)X_{OR} = (|\psi^+\rangle\langle\psi^+|)_{12} \otimes (|\Phi^+\rangle\langle\Phi^+|)_{34}. \quad (E3.17)$$

BXOR işleminden sonra oluşan yeni durum

$$I' = (XOR)\, I\, (\mathrm{XOR})^{\dagger}$$

$$= \mathrm{F}^2(|\Phi^+\rangle\langle\Phi^+|)_{12} \otimes (|\Phi^+\rangle\langle\Phi^+|)_{34} + F\frac{1-F}{3}[(|\Phi^-\rangle\langle\Phi^-|)_{12} \otimes (|\Phi^-\rangle\langle\Phi^-|)_{34}$$

$$+(|\Phi^-\rangle\langle\Phi^-|)_{12} \otimes (|\psi^-\rangle\langle\psi^-|)_{34} + (|\Phi^+\rangle\langle\Phi^+|)_{12} \otimes (|\psi^+\rangle\langle\psi^+|)_{34}$$

$$+(|\Phi^-\rangle\langle\Phi^-|)_{12} \otimes (|\Phi^+\rangle\langle\Phi^+|)_{34} + (|\psi^-\rangle\langle\psi^-|)_{12} \otimes (|\psi^+\rangle\langle\psi^+|)_{34}$$

$$+(|\psi^+\rangle\langle\psi^+|)_{12} \otimes (|\psi^+\rangle\langle\psi^+|)_{34}] + \left(\frac{1-F}{3}\right)^2 [(|\Phi^+\rangle\langle\Phi^+|)_{12} \otimes (|\Phi^-\rangle\langle\Phi^-|)_{34}$$

$$+(|\Phi^-\rangle\langle\Phi^-|)_{12} \otimes (|\psi^-\rangle\langle\psi^-|)_{34} + (|\Phi^-\rangle\langle\Phi^-|)_{12} \otimes (|\psi^+\rangle\langle\psi^+|)_{34}$$

$$+(|\psi^+\rangle\langle\psi^+|)_{12} \otimes (|\psi^-\rangle\langle\psi^-|)_{34} + (|\psi^+\rangle\langle\psi^+|)_{12} \otimes (|\Phi^-\rangle\langle\Phi^-|)_{34}$$

$$+(|\psi^-\rangle\langle\psi^-|)_{12} \otimes (|\Phi^+\rangle\langle\Phi^+|)_{34} + (|\psi^-\rangle\langle\psi^-|)_{12} \otimes (|\psi^-\rangle\langle\psi^-|)_{34}$$

$$+(|\psi^-\rangle\langle\psi^-|)_{12} \otimes (|\Phi^-\rangle\langle\Phi^-|)_{34} + (|\psi^+\rangle\langle\psi^+|)_{12} \otimes (|\Phi^+\rangle\langle\Phi^+|)_{34}] \quad (E3.18)$$

şeklinde yazılır. Daha sonra hedef çiftlerin z spinleri paralel ise (eğer iki giriş doğru Φ^+ durumları iseler z spinleri paraleldir.) ölçülmemiş olan kaynak çiftler tutulur. Diğer durumlarda ise kaynak çiftler atılır. Hedef çiftlerin z spinlerini ölçtükten sonra elde edilen duruma I'' diyelim. Buradan

$$I'' = \langle 11|I'|11\rangle_{34} + \langle 00|I'|00\rangle_{34} \quad (E3.19)$$

yazılabilir. Sonuç olarak I''

$$I'' = \mathrm{F}^2|\Phi^+\rangle\langle\Phi^+| + 2F\frac{1-F}{3}|\Phi^-\rangle\langle\Phi^-|$$

$$+\left(\frac{1-F}{3}\right)^2\left[|\Phi^+\rangle\langle\Phi^+| + 2|\psi^+\rangle\langle\psi^+| + 2|\psi^-\rangle\langle\psi^-|\right] \qquad (E3.20)$$

elde edilir. Kaynak çift tutulmuşsa eğer tek-yanlı bir σ_y dönüşümüyle tekrar $|\psi^-\rangle$ singlet durumunun çoğunlukta olduğu duruma dönüştürülebilir. Daha sonra gelişigüzel bir iki-yanlı dönmeyle küresel simetrik hale getirilir. Oluşan yeni durum vektörü

$$I''' = (\sigma_y \otimes \mathbb{I})I''(\mathbb{I} \otimes \sigma_y) = \mathrm{F}^2|\psi^-\rangle\langle\psi^-| + 2F\frac{1-F}{3}|\psi^+\rangle\langle\psi^+|$$

$$+\left(\frac{1-F}{3}\right)^2\left[|\psi^-\rangle\langle\psi^-| + 2|\Phi^-\rangle\langle\Phi^-| + 2|\Phi^+\rangle\langle\Phi^+|\right] \qquad (E3.21)$$

formuna dönüşür. Bu durumun bir yoğunluk işlemcisi olabilmesi için boylandırılmış olması gerekir. Oluşan yeni durumun izi alınarak boylandırılabilir:

$$Tr(I''') = \mathrm{F}^2 + \frac{2}{3}\mathrm{F}(1-F) + \frac{5}{9}(1-F)^2. \qquad (E3.22)$$

Oluşan son durum I_R''' ile ifade edilirse durum, aşağıdaki şekilde boylandırılmış olarak yazılabilir:

$$I_R''' = \frac{I'''}{Tr(I''')} \qquad (E3.23)$$

Son olarak, tekrar twirling işlemi uygulanarak durum küresel simetrik hale getirilebilir.

$$I_R''' = F'|\psi^-\rangle\langle\psi^-| + \frac{1-F'}{3}\left[|\psi^+\rangle\langle\psi^+| + |\Phi^-\rangle\langle\Phi^-| + |\Phi^+\rangle\langle\Phi^+|\right]. \qquad (E3.24)$$

Burada

$$F' = \frac{\mathrm{F}^2 + \frac{1}{9}(1-\mathrm{F})^2}{\mathrm{F}^2 + \frac{2}{3}\mathrm{F}(1-F) + \frac{5}{9}(1-F)^2} \qquad (E3.25)$$

indirgeme bağıntısı sağlanır.

EK 4 İNDİRGEME KRİTERİ ARACILIĞIYLA BXOR İŞLEMİ ALTINDA DAMITMA

Herhangi bir ρ durumu twirling işleminden sonra aşağıdaki gibi yazılabilir:

$$\rho_\alpha = \frac{1-\alpha}{d^2}\mathbb{I} + \alpha P. \qquad (E3.1)$$

Burada $P = |\Phi_d\rangle\langle\Phi_d|$, $|\Phi_d\rangle = \left(1/\sqrt{d}\right)\sum_{i=1}^{d}|i\rangle \otimes |i\rangle$ şeklinde ifade edilir. Buradaki durumun F özuygunluk ifadesi α katsayısına

$$\alpha = \frac{d^2F-1}{d^2-1} \qquad (E3.2)$$

şeklinde bağlıdır. Kaynak ve hedef çiftler arasında paylaşılan durumların tensör çarpımı

$$\rho = \rho_\alpha \otimes \rho_\alpha = \frac{(1-\alpha)^2}{d^4}\mathbb{I}_{12}\otimes\mathbb{I}_{34} + \frac{\alpha(1-\alpha)}{d^2}\left[\mathbb{I}_{12}\otimes P_+^{34} + P_+^{12}\otimes\mathbb{I}_{34}\right]$$

$$+\alpha^2 P_+^{12}\otimes P_+^{34} \qquad (E3.3)$$

ile verilir. Burada $A = \mathbb{I}_{12}\otimes\mathbb{I}_{34}$, $B_1 = \mathbb{I}_{12}\otimes P_+^{34}$, $B_2 = P_+^{12}\otimes\mathbb{I}_{34}$,$C = P_+^{12}\otimes P_+^{34}$ ve $\mathbb{I}_{12} = \mathbb{I}_1\otimes\mathbb{I}_2$ kısaltmaları kullanılırsa yukarıdaki denklem daha basit bir formda aşağıdaki şekilde yazılabilir:

$$\rho = \frac{(1-\alpha)^2}{d^4}A + \frac{\alpha(1-\alpha)}{d^2}[B_1 + B_2] + \alpha^2 C. \qquad (E3.4)$$

ρ işlemcisine BXOR işlemi uygulandıktan sonra oluşan yeni yoğunluk işlemcisi ρ'olsun. Bu durumda ρ' işlemcisi

$$\rho' = (XOR)\rho(XOR)^\dagger = \frac{(1-\alpha)^2}{d^4}A' + \frac{\alpha(1-\alpha)}{d^2}[{B_1}' + {B_2}'] + \alpha^2 C' \qquad (E3.5)$$

şeklinde yazılır. Şimdi yukarıda verilen denklemdeki her terimin BXOR işlemi altında nasıl değiştiğine bakılabilir. İlk olarak birinci terim incelendiğinde BXOR işlemi altında değişmez kaldığı kolaylıkla görülür:

$$A' = (XOR)A(XOR)^\dagger = XOR(\mathbb{I}_{12}\otimes\mathbb{I}_{34})XOR^\dagger = A. \qquad (E3.6)$$

Burada birim işlemci $\mathbb{I} = \sum_{k=1}^{d} |k\rangle\langle k|$ şeklinde ifade edilir. Benzer işlemler B_1, B_2 ve C terimleri için uygulanırsa elde edilen durumlar aşağıdaki gibidir:

$$B_1' = (XOR)B_1(XOR)^\dagger = XOR(\mathbb{I}_{12} \otimes P_+^{34})XOR^\dagger$$

$$= \frac{1}{d} \sum_{i,j,k,l=1}^{d} |ij, k \oplus l, k \oplus j\rangle\langle ij, l \oplus i, l \oplus j|, \qquad (E3.7)$$

$$B_2' = \frac{1}{d} \sum_{i,j,k,l=1}^{d} |ii, k \oplus i, l \oplus i\rangle\langle jj, k \oplus j, l \oplus j|, \qquad (E3.8)$$

$$C' = \frac{1}{d^2} \sum_{i,j,k,l=1}^{d} |ii, k \oplus i, k \oplus i\rangle\langle jj, l \oplus j, l \oplus j|. \qquad (E3.9)$$

BXOR işleminden sonra protokolün üçüncü basamağına dayanarak elde edilen ρ' işlemcisindeki hedef çiftler $|i\rangle \otimes |j\rangle$ bazında ölçülür. Çıkan sonuçlar eşitse kaynak çiftler tutulur, diğer durumlarda atılırlar. Hedef çiftler bu bazda ölçüldükten sonra elde edilen yeni yoğunluk işlemcisi ρ'' olsun. Bu durumda ρ''

$$\rho'' = \sum_{s=1}^{d} \langle ss|\rho'|ss\rangle = \frac{(1-\alpha)^2}{d^4} A'' + \frac{\alpha(1-\alpha)}{d^2}[B_1'' + B_2''] + \alpha^2 C'' \qquad (E3.10)$$

şeklinde yazılabilir. A'' ifadesi aşağıdaki gibi hesaplanır:

$$A'' = \sum_s \langle ss|A'|ss\rangle_{34} = \sum_s \mathbb{I}_{12}\langle ss|\mathbb{I}_{34}|ss\rangle = d\mathbb{I}_1 \otimes \mathbb{I}_2. \qquad (E3.11)$$

Benzer şekilde B_2'' terimi ve diğer terimler de hesaplanabilir:

$$B_1'' = \sum_s \langle ss|B_1'|ss\rangle_{34} = \frac{1}{d} \sum_s \left[\sum_{i,j,k,l=1}^{d} |ij\rangle\langle ij| \, \delta_{s,k\oplus i} \delta_{s,k\oplus j} \delta_{s,l\oplus i} \delta_{s,l\oplus j} \right]. \qquad (E3.12)$$

Burada $k \oplus i = s$ ise $k \oplus j = j + s - i$ (mod d) ve $l \oplus i = s$ ise $l \oplus j = j + s - i$ (mod d) şeklinde yazılabilir. Yeni durum aşağıdaki gibidir:

$$B_1'' = \frac{1}{d}\sum_s \left[\sum_{i,j=1}^{d} |ij\rangle\langle ij|\, \delta_{s,j+s-i}\delta_{s,j+s-i}\right] = \frac{1}{d}\sum_s \left[\sum_{i,j=1}^{d} |ij\rangle\langle ij|\, \delta_{s,j+s-i}\right]. \quad (E3.13)$$

$s = 1$ için $\delta_{s,j+s-i} = \delta_{1,j+1-i} = \delta_{i,j}$; $\forall s$. $(E3.11)$ denklemi yeniden düzenlenirse

$$B_1'' = \frac{1}{d}\sum_{i,j=1}^{d} |ij\rangle\langle ij|\, \delta_{i,j} = \sum_{i=1}^{d} |ii\rangle\langle ii| \quad (E3.14)$$

elde edilir. Diğer terimleri de aşağıdaki gibi hesaplanabilir:

$$B_2'' = \sum_s \langle ss|B_2'|ss\rangle_{34} = \frac{1}{d}\sum_s \left[\sum_{i,j,k,l=1}^{d} |ii\rangle\langle jj|\, \delta_{s,k\oplus i}\delta_{s,l\oplus i}\delta_{s,k\oplus j}\delta_{s,l\oplus j}\right],$$

$$= \frac{1}{d}\sum_s \left[\sum_{i,j=1}^{d} |ii\rangle\langle jj|\, \underbrace{\delta_{s,j+s-i}}_{\delta_{i,j},\forall s.}\right] = \frac{1}{d}\sum_{i,j=1}^{d} |ii\rangle\langle jj|\, \delta_{i,j}$$

$$= \sum_{i=1}^{d} |ii\rangle\langle ii| = B_1'', \quad (E3.15)$$

$$C'' = \sum_s \langle ss|C'|ss\rangle_{34} = \frac{1}{d^2}\sum_s \left[\sum_{i,j,k,l=1}^{d} |ii\rangle\, \delta_{s,k\oplus i}\langle jj|\delta_{s,l\oplus j}\right]$$

$$= \frac{1}{d^2}\sum_{i,j,k,l=1}^{d} |ii\rangle\, \langle jj|\delta_{k\oplus i}\delta_{l\oplus j} = \frac{1}{d^2}\sum_{i,j=1}^{d}\left[ii\rangle\langle jj| \sum_{k,l=1}^{d} \delta_{k\oplus i}\delta_{l\oplus j}\right]. \quad (E3.16)$$

Yukarıdaki ifadeler (E3.8) denkleminde yerine yazılırsa olaşan yeni yoğunluk işlemcisi

$$\rho'' = \frac{(1-\alpha)^2}{d^3}\mathbb{I}_1 \otimes \mathbb{I}_2 + \frac{2\alpha(1-\alpha)}{d^2}K + \frac{\alpha^2}{d^2}L \quad (E3.17)$$

şeklinde yazılır. Burada

$$K = \sum_{i=1}^{d} |ii\rangle\langle ii|, \qquad L = \sum_{i,j=1}^{d}\left[ii\rangle\langle jj| \sum_{k,l=1}^{d} \delta_{k\oplus i}\delta_{l\oplus j}\right] \quad (E3.18)$$

ile ifade edilir. Son olarak (E3.17) eşitliği $|i\rangle\otimes|j\rangle$ bazında açılır ve kaynak çiftler eşitse tutulurlar. Diğer durumlarda atılırlar. Bu işlem, verilen bazlarda iz almaya eşdeğerdir.

$$TrK = \sum_{i=1}^{d} Tr|ii\rangle\langle ii| = d\,,$$

$$TrL = \sum_{i,j,k,l=1}^{d} \delta_{i,j}\delta_{k\oplus i}\delta_{l\oplus j} = \sum_{j,k,l=1}^{d} \delta_{k\oplus i}\delta_{l\oplus j} = d^2 \qquad (E3.20)$$

İz işlemi altında (E3.8) denklemi aşağıdaki gibi yazılır:

$$Tr\rho'' = \frac{(1-\alpha)^2}{d^3}d^2 + \frac{2\alpha(1-\alpha)}{d^2}d + \frac{\alpha^2}{d^2}d^2 = \frac{1+(d-1)\alpha^2}{d}. \qquad (E3.21)$$

ρ'' işlemcisinin yoğunluk işlemcisi olabilmesi için boylandırılması gereklidir. Oluşan yeni durum ρ''' olsun:

$$\rho''' = \frac{\rho''}{Tr\rho''} = \frac{1}{Pd}\left[\frac{(1-\alpha)^2}{N}\mathbb{I}_1\otimes\mathbb{I}_2 + 2\alpha(1-\alpha)K + \alpha^2 L\right]. \qquad (E3.22)$$

Burada ρ''' boylandırılmış yeni yoğunluk işlemcisidir ve $P = 1 + (d-1)\alpha^2$ ile verilir. Son olarak, bulunan durumun en dolanık durumdaki özuygunluğuna bakmak gereklidir:

$$F' = \langle\Phi_+|\rho'''|\Phi_+\rangle = \frac{1}{Pd}\left[\frac{(1-\alpha)^2}{d}x + 2\alpha(1-\alpha)y + \alpha^2 z\right]. \qquad (E3.23)$$

Burada $x = \langle\Phi_+|\mathbb{I}_1\otimes\mathbb{I}_2|\Phi_+\rangle = 1$, $y = \langle\Phi_+|K|\Phi_+\rangle = 1$ ve $z = \langle\Phi_+|L|\Phi_+\rangle$ şeklindedir. Bu eşitlikler aşağıda gösterildiği gibi kolaylıkla hesaplanabilir:

$$x = \langle\Phi_+|\mathbb{I}_1\otimes\mathbb{I}_2|\Phi_+\rangle = \frac{1}{d}\sum_{i,j=1}^{d}\langle ii|\mathbb{I}_1\otimes\mathbb{I}_2|jj\rangle = \frac{1}{d}\sum_{i,j=1}^{d}\delta_{ij} = 1,$$

$$y = \langle\Phi_+|K|\Phi_+\rangle = \frac{1}{d}\sum_{i,j,k=1}^{d}\langle ii|kk\rangle\langle kk|jj\rangle = \frac{1}{d}\sum_{i,j,k=1}^{d}\delta_{ik}\,\delta_{kj} = \frac{1}{d}\sum_{i,j=1}^{d}\delta_{ij} = 1,$$

$$z = \langle\Phi_+|L|\Phi_+\rangle = \sum_{i,j,k,l=1}^{d}\langle\Phi_+|ii\rangle\langle jj|\Phi_+\rangle\,\delta_{k\oplus i,l\oplus j}$$

$$= \sum_{i,j,k,l,m,n}^{d} \delta_{im}\delta_{jn}\,\delta_{k\oplus i,l\oplus j} = \sum_{k,l,m,n}^{d} \delta_{k\oplus m,l\oplus n} = d^2. \qquad (E3.24)$$

Damıtma işleminden sonra F' özuygunluğu aşağıdaki gibi ifade edilir:

$$F' = \frac{1}{Pd}\left[\frac{(1-\alpha)^2}{d} + 2\alpha(1-\alpha) + \alpha^2 d^2\right] \quad ; \quad P = 1 + (d-1)\alpha^2. \qquad (E3.25)$$

Damıtma işleminden sonra elde edilen F' özuygunluğu α' katsayısına aşağıdaki gibi bağlıdır:

$$\alpha' = \frac{d^2F' - 1}{d^2 - 1} = \frac{1}{d^2 - 1}\left\{\frac{1}{P}[(1-\alpha)^2 + 2\alpha(1-\alpha)d + \alpha^2 d^3 - P]\right\}$$

$$= \frac{1}{(d^2-1)P}\{2\alpha(d-1) + \alpha^2[1 - 2d + d^3 - d + 1]\}$$

$$= \frac{\alpha}{(d^2-1)P}\{2(d-1) + \alpha[d(d^2-1) - 2(d-1)]\}$$

$$= \frac{\alpha(d-1)}{(d^2-1)P}\{2 + \alpha[d(d-1) - 2]\}$$

$$\alpha' = \alpha\frac{[d(d-1)-2]\alpha + 2}{(d+1)[1 + (d-1)\alpha^2]}. \qquad (3.26)$$

EK 5 TEKNİK TERİMLER ve KRONOLOJİ

bileşim : combination, composition

bilişim : information

çok-parçalı : multipartite

dolanık : entangled

dolanıklık : entanglement

dolanıklık tanığı : entanglement witness

en dolanık durum : maximally entangled state

en saf-olmayan durum: maximally mixed state

en uygun : optimal

iki-parçalı : bipartite

iki-yanlı : bilateral

özuygunluk : fidelity

özyineleme : iteration

saf-olmayan durum : mixed state, impure state

tek-yanlı : unilateral

trampa işlemcisi : flip operator, swap operator

uz-aktarım : teleportation

yükümlülük :task

KRONOLOJİ

1932	: John von Neumann'ın Göreli-Olmayan Kuantum Mekaniksel Tanımı
1935	: EPR (Einstein-Podolski-Rosen) Makalesi
	Schrödinger'in Makaleleri ve Dolanıklığın Ortaya Çıkışı
1964	: Bell Eşitsizlikleri
1969	: CHSH (Clauser-Horne-Shimony-Holt) Eşitsizliği
1980	: Cirel'son Eşitsizliği
1980	: Aspect Deneyleri
1989	: GHZ (Greenberger-Horne-Zeilinger) Durumu
	Werner Durumu
1990	: Mermin Eşitsizliği
1991	: Kuantum Şifreleme
1992	: Kuantum Yoğun Kodlama
	Kuantum Uz-aktarım
	Dolanıklık Trampası
1996	: Peres Kriteri
1999	: İndirgeme Kriteri
	İzotropik Durumlar

ÖZGEÇMİŞ

Adı Soyadı : Durgun DURAN

Doğum Yeri : ARDAHAN

Doğum Tarihi : 22.03.1985

Medeni Hali : Bekar

Yabancı Dili : İngilizce

Eğitim Durumu (Kurum ve Yıl)

Lise : G.O.P. Merkez Lisesi – İSTANBUL (Haziran 2003)

Lisans : Ankara Üniversitesi Fen Fakültesi Fizik Bölümü (Şubat 2008)

Yüksek Lisans : Ankara Üniversitesi Fen Bilimleri Enstitüsü Fizik A.B D. (Eylül 2008-Ağustos 2011)

Çalıştığı Kurum/Kurumlar ve Yıl :

Bozok Üniversitesi Fen Edebiyat Fakültesi Fizik Bölümü (Aralık 2008-...)

Ankara Üniversitesi Fen Fakültesi Fizik Bölümü (2012-Görevlendirme)

Printed by Books on Demand GmbH, Norderstedt / Germany